DIE BIENE

Gertrud Hess

parkland

Textbearbeitung: Klaus Rudy
Umschlagfoto: Siegfried Eigstler
Fotos: Bavaria: 14, 15, 18, 19 o., 43
H. Pfletschinger: 13, 16/17, 19 u. l. und u. r., 20, 37, 38, 39, 40, 41, 42, 44
Zeichnungen: G. Hess

parkland

7. Auflage, 1992

Herstellung: Druckerei Ernst Uhl, Radolfzell
ISBN 3-88059-621-2

Inhalt

5 **Die Honigbiene**
5 **Geschichtliches**
8 **Der Bienenstock**
9 **Vom Nutzen der Bienen**
11 **Die Temperatur im Bienenvolk**
21 **Der Honig**
23 **Der Körperbau der Honigbiene**
47 **Drohnen, Königin und Arbeiterinnen**
52 **Das Schwärmen**
56 **Der Hochzeitsflug**
59 **Die Entwicklung der Biene**
61 **Die Stockbienen**
67 **Die Sammlerinnen**
71 **Das Zeitgedächtnis**
72 **Die Fähigkeiten der Sinne**
76 **Die «Sprache» der Bienen**
84 **Empfehlenswerte Literatur**
85 **Register**

Die Honigbiene

Man hat ausgerechnet, daß es auf der Erde ungefähr eine Million verschiedener Tierarten gibt. Drei Viertel davon sind Insekten. Von den ungefähr 750000 Insektenarten hat sich der Mensch zwei als Haustiere ausgewählt, weil ihm ihre Produkte nützlich sind: den Seidenspinner und die Honigbiene.
Vor allem die Honigbiene, der wir uns in diesem Büchlein zuwenden wollen, wird vom Menschen schon seit Urzeiten genutzt. Durch jahrhundertelange praktische Erfahrung und intensive neue Forschung ist sie eines der bekanntesten Geschöpfe geworden. Dabei blieb sie, was sie immer war. Ihr Lernvermögen ist zu gering, ihre Instinkte beherrschen sie zu sehr, als daß äußere Einflüsse sie wesentlich geformt hätten. Wenn verwilderte Bienen eine Unterkunft finden, so leben sie bei günstigen Bedingungen ohne die menschliche Pflege weiter wie vor Zehntausenden von Jahren, als es überhaupt noch keine Menschen gab, die sich für sie interessierten.
Der Technik sind daher in der Imkerei Grenzen gesetzt, was aber gerade ihren Reiz erhöht. Der Mensch kann hier nichts erzwingen, denn ihm steht im Bienenvolk ein Stück Natur gegenüber, mit dessen Eigenwilligkeit er zu rechnen und in dessen Eigengesetzlichkeit er sich einzufühlen hat, sollen ihm die Bienen etwas einbringen. So ist denn die Imkerei ein faszinierendes Zwiegespräch mit der Natur, das ebensosehr als Selbstzweck wie wegen des Ertrages betrieben wird.
Von Naturgesetz und Naturweisheit will dieses Buch berichten, indem es von den Bienen erzählt.

Geschichtliches

Daß der Bienenhonig bereits in der frühesten Phase der Menschheitsgeschichte bekannt war, beweist eine mittelsteinzeitliche Höhlenzeichnung in Spanien. Das Bild stellt eine auf einer Strickleiter stehende Gestalt dar, die offenbar im Begriff ist, sich der Honigwaben eines in einem Felsenloch wohnenden wilden Bienenvolkes zu bemächtigen, denn mit der einen

Hand greift der Sammler in die von Bienen umschwärmte Felsöffnung, am andern Arm hält er einen für die Waben bestimmten Topf.

Ein so frühes Interesse des Menschen an den Bienen ist nicht erstaunlich, wenn man bedenkt, daß der Honig ein fertigbereiteter Süßstoff ist, eine konzentrierte und fast reine Zuckerlösung. Solange der Zucker noch selten und teuer war, bediente sich daher der Mensch des Honigs als Süßstoff. Die Inder verstanden sich zwar bereits im Altertum auf die Verwertung von Zuckerrohr, doch obschon der daraus gewonnene Zucker zur Zeit Alexanders des Großen auch im Abendlande bekannt wurde, blieb er bis in die neuere Zeit hinein ein teures Produkt. Der Honig fand deshalb zum Süßen von Speisen noch lange Verwendung, und seit die Herstellung von billigerem Rübenzucker möglich ist, wird er vor allem als edles Genußmittel betrachtet.

Früher war zudem das Wachs als Rohstoff mindestens ebenso wichtig wie der Honig. Zu einer Zeit, da die Honiggewinnung noch das Herausschneiden und Zerstören der Waben erforderte, ergab sich die Wachsgewinnung von selber. Man muß annehmen, daß schon die Bronzezeit Formen aus Wachs als verlorene Gußformen verwendet hat. Ebenso früh ist das Wachs als Kitt zum Einsetzen von Lanzenspitzen in den Lanzenschaft benutzt worden.

Die erste sichere Nachricht nicht nur von Bienennutzung, sondern von Bienenhaltung stammt aus den ägyptischen Königsgräbern, nach deren Abbildungen und Texten die alten Ägypter schon vor fünf- bis sechstausend Jahren die Bienen in liegenden, übereinandergestapelten Tonkrügen hielten und die Honigscheiben in linsenförmigen, den flüssigen Honig aber in tieferen, gut verschließbaren Amphoren aufbewahrten. Die hohe Wertschätzung der Bienen in Ägypten ist auch daran zu erkennen, daß in den Hieroglyphen die Biene als Zeichen für König verwendet wurde. Dagegen sind das Alte Testament und die Epen Homers verhältnismäßig junge Zeugen einer alten Bienenwirtschaft im östlichen Mittelmeer.

Nach griechischen und römischen Schriftstellern war in der klassischen Antike die Bienenhaltung bei reich und arm verbreitet und hatte schon damals einen hohen Stand erreicht. Das Wachs war als Werkstoff noch bedeutender geworden. Bekannt sind die daraus hergestellten Notiztäfelchen der Antike. Auch zum Modellieren und für pharmazeutische und kosmetische Zwecke wurde es verwendet, wo es ja heute noch bei der Erzeugung von Qualitätsprodukten das billigere Paraffin ersetzt. Die Römer berichten übrigens, daß damals, als ihre Heere in den Norden vordrangen, die Germanen die Bienenzucht schon kannten. In den nordischen Sagen spielen denn auch Honig und Honigwein (Met) eine bedeutende Rolle. Während aber die zivilisierteren Römer neben geflochtenen Bienenkörben und ausgehöhlten Holzklötzen auch aus Backstein aufgebaute Bienenstöcke besaßen und vielleicht schon die Griechen die bewegliche Bienenwabe gekannt hatten, war die Technik der Imkerei im Norden noch nicht so weit fortgeschritten. In Westeuropa scheint der aus Stroh geflochtene Bienenkorb die älteste Form des Bienenstockes darzustellen. Er konnte sich in abgelegenen Bezirken bis heute halten. Andererseits ist in den Waldgebieten Osteuropas die Klotzbeute zu Hause, bei der ausgehöhlte Stücke von Baumstämmen aufgestellt oder an Bäume gehängt werden.

Heimkehrende Biene mit Höschen.

Ein weiterer Beweis dafür, daß auf der nördlichen Alpenseite die Honigbiene schon früh hoch geschätzt wurde, findet sich im Grab des Frankenkönigs Childerich I., bei dessen Öffnung im Jahre 1635 am purpurnen Mantel und am Saumzeug des mitbegrabenen Pferdes 300 goldene Bienen gezählt werden

konnten. In ähnlicher Weise schmückte Napoleon sich und seine Räume. Früher ein Symbol des unsterblichen Königs, wagt man heute die Biene nur noch als Sinnbild des Fleißes anzusprechen. Derart hat sich im Verlaufe der Jahrhunderte der Mensch verändert, daß er heute in der Biene nicht mehr das wunderbar Göttliche, sondern nur noch den Arbeitsfleiß verkörpert sieht.
Da sich die Honigbiene unter der Obhut des Menschen in keiner Weise in ihren Lebensgewohnheiten beeinflussen ließ, findet man noch heute primitivste und hochentwickelte Bienenhaltung nebeneinander. In Ägypten zum Beispiel verwendet man als Bienenstock zum Teil noch Röhren, die aus Nilschlamm geformt und getrocknet werden, und in Osteuropa und Afrika findet sich da und dort noch die Waldbienenzucht, bei welcher der Mensch wilde Bienenvölker ausraubt und ihrer Vermehrung höchstens dadurch etwas nachhilft, daß er für genügend Baumhöhlen sorgt. Die moderne Imkerei dagegen sucht den Honigertrag zu steigern, indem sie einerseits den Bienen soviel Mühe als möglich abnimmt, ihnen bei der Überwinterung hilft, mit Notfütterung einspringt, die Waben zu schonen sucht usw., sie andererseits aber auf Leistung, das heißt auf Honigproduktion züchtet.

Der Bienenstock

Die wichtigste Einrichtung einer wirtschaftlichen Bienenhaltung sind die beweglichen Waben, die wahrscheinlich in der Antike schon bekannt waren, aber erst vor 150 Jahren allgemeine Verbreitung fanden und auf einer Erfindung des blinden Genfer Bienenforschers François Huber beruhen. Es gibt verschiedene Systeme von Bienenstöcken (Beuten); allen aber ist gemeinsam, daß sie die Bienen veranlassen, ihre Waben in Holzrähmchen zu bauen, deren oberste Latte etwas hervorsteht und die auf zwei Schienen in den Bienenkasten geschoben werden können. Je nach dem System hängen die Waben parallel oder senkrecht zum Flugloch (Warm- oder Kaltbau). Kleine Nägel an diesen Rahmen halten die Waben im richtigen Abstand voneinander. Der Abstand muß der Gassenbreite eines natürlichen Bienenbaues entsprechen, das heißt ungefähr 13 mm betragen. Bei beweglichen Waben ist es dem Imker möglich, seine Bienenvölker zu kontrollieren und ihnen Waben zuzufügen oder wegzunehmen, ohne daß er sie zu sehr stört. Einen besonderen Vorteil bietet die bewegliche Wabe für die Honigernte. Da die Bienen die Honigvorräte immer über dem Brutnest anlegen, hängt man ihnen die Waben im Sommer in zwei Stockwerke. So benützen sie die untere und meistens größere Wabe als Brutwabe und füllen die obere mit Honig. Diese kann man bei der Ernte entfernen, ohne daß ein größerer Eingriff ins Volk nötig ist.

Vom Nutzen der Bienen

Das Interesse, das die Menschen den Bienen entgegenbrachten, galt zunächst dem Honig. Ihm verdankt die Biene auch heute noch ihre Wertschätzung. Der Mensch stuft ja gerne die Produkte der Schöpfung nach ihrem Nutzen oder Schaden ein. In dieser Ordnung steht die Biene hoch im Rang. Um des süßen Ertrages willen verzeiht man ihr sogar die Stiche. In Wirklichkeit aber liegt ihre wichtigste Bedeutung nicht in der Honigerzeugung an sich, sondern in dem Umstand, daß sie Blüten bestäubt. Allein schon deshalb, weil die Biene die Befruchtung der Obstbäume vermittelt, ist ihre Haltung allgemein notwendig, und der so erzielte Nutzen übertrifft den Wert des Honigertrages um das Zehnfache.

Nun kennen wir allerdings auch andere blütenbesuchende Insekten. Denken wir nur an die vielen einzeln lebenden Bienen, an Hummeln, Schmetterlinge, Blumenfliegen und manche Käfer. Sie alle sind aber für die wirksame Bestäubung nicht maßgebend, denn gut drei Viertel des Obstertrages verdanken wir der Tätigkeit der Honigbiene allein. Als Beweis hierfür läßt sich eine Reihe von Gründen anführen. Einmal überwintern die Bienen als individuenreiche Völker und treten mit Tausenden von Sammlerinnen den Frühling an, zu einer Zeit, da sich die anderen Insekten noch nicht vermehren

konnten und die Hummeln erst mühsam mit dem Aufbau eines kleinen Staates beginnen. Zum andern sammeln die Bienen emsiger als andere Insekten, weil sie nicht nur für sich und ihre Brut die notwendige Nahrung herbeischaffen, sondern darüber hinaus beträchtliche Honigvorräte anlegen. Ein Bienenvolk kann im Tag über fünf Millionen Blüten besuchen. Überdies sind die Bienen, was sich ohne weiteres beobachten läßt, blütenstetig, das heißt, sie sammeln so lange als möglich Nektar oder Blütenstaub von der gleichen Blütenart. Dadurch übertragen sie den Apfelblütenstaub auf Apfelblüten und den Staub der Wiesensalbei auf die Wiesensalbei, eine Bestäubung, die allein zur Befruchtung führt. Bienen bringen darum in der Regel reinfarbene Pollenhöschen heim, goldgelbe von Haseln, schwefelgelbe von Apfelblüten, orangegelbe vom Löwenzahn, rote von Taubnesseln usw. An Hummeln sieht man dagegen meistens mischfarbene Höschen, wie es sich beim Honigsammeln von verschiedenen, nahe beieinanderstehenden Blumen ergibt.
Eine intensive Bestäubung begünstigt nicht nur vermehrten Fruchtansatz, sondern auch die volle Ausbildung der einzelnen Früchte. Man hat festgestellt, daß aus reichlich bestäubten Blüten vollkommenere Früchte hervorgehen, weil in diesem Fall alle Samenanlagen zu Samen heranreifen können.
Außer Obstbäumen sind noch andere Kulturpflanzen auf die Bestäubung durch Bienen angewiesen, viele Beerenarten zum Beispiel, die Weinrebe, Gurkengewächse und Bohnen. Bei anderen Gemüsen und vielen Blumen ist die Bestäubung durch Bienen wenigstens für die Samengewinnung notwendig. Man versteht deshalb, warum die Bienenhaltung von öffentlichem Interesse ist und warum der Staat zugunsten der Bienen sogar Gesetze erlassen hat. Das Verbot des Pflückens von Hasel- und Weidenkätzchen gehört hierher. Diese Sträucher liefern die früheste Blütenstaubtracht zu einer Zeit, da andere Pflanzen als Pollenlieferanten noch kaum in Betracht kommen. Pollen aber bilden die notwendige Eiweißnahrung der jungen Brut. Wenn Ende Februar und im März nicht schon reichlich Blütenstaub eingetragen wird, mangelt es zur Zeit der Obstblüte im April und im Mai an Sammelbienen.

Die Temperatur im Bienenvolk

Nachdem wir gesehen haben, wieviel vom eifrigen Blütenbesuch der Bienen abhängt, stellt sich die Frage, warum die Bienen mehr Honig sammeln, als sie fortlaufend verzehren.
Die Bienen legen einen Wintervorrat an, weil sie als ganzes Volk überwintern und dabei nicht wie andere Insekten erstarren. Zwar überwintern auch die Ameisen als ganzes Volk, sie erstarren aber in der Tiefe ihres Nestes. Bei den Hummeln und Wespen sterben zur Zeit der ersten Fröste alle Arbeiterinnen, und nur ihre Königinnen verstecken sich an geschützten Orten, um im kommenden Frühjahr wieder ein neues Volk aufzuziehen. Die Bienen dagegen sitzen während der Kälte dichtgedrängt auf ihren Honigwaben, zehren vom Vorrat und verbrennen ihn in ihrem Körper. Sie heizen. So tief auch die Außentemperatur unter null Grad fällt, immer kann man in der Wintertraube eine Temperatur messen, die bedeutend über 0 °C liegt. Die Regulierung der Temperatur geht von den zuäußerst sitzenden Bienen, den «Hautbienen», aus. Damit diese nicht erstarren, dürfen sie nicht kälter werden als 9 °C. Darum schwankt die Innentemperatur der Wintertraube umgekehrt zur Außentemperatur und kann über 20 °C steigen. Eine konstante Temperatur ist für die Insekten etwas Außerordentliches, denn diese sind an sich wechselwarm («kaltblütig») wie die meisten Tiere außer den Vögeln und Säugern. Ihre Körpertemperatur entspricht der Außentemperatur. Ist diese hoch, so ist auch die Körpertemperatur hoch, und ihr Temperament ist dementsprechend lebhaft. Sinkt aber die Lufttemperatur, so werden sie kalt und matt und schließlich starr. Ein Sommertag im Gebirge zeigt uns, wie stark Insekten von der Temperatur der Umgebung abhängig sind. In der dort kühlen Luft summt und schwirrt es über den blühenden Wiesen und Weiden nur, solange die Sonne scheint. Schiebt sich dagegen eine Wolke davor, so wird alles sofort still; die Insekten setzen sich ins Gras und vermögen sich nicht mehr zu bewegen, bis der Sonnenschein sie wieder erwärmt. Die Honigbienen darunter verhalten sich genau gleich, denn als Einzeltiere sind sie von der Außentemperatur so abhängig wie irgendein

anderes Insekt. Das bestätigt mancher Vorfrühlingstag, wenn die Bienen, vom Sonnenschein verlockt, ihren warmen Stock verlassen, um im Flug die während des Winters im Darm angesammelten Exkremente zu entleeren. Ruhen sie sich dann irgendwo aus, so geschieht es nur zu leicht, daß sie erstarren und erfrieren.

Einzeln ist die Biene also wechselwarm, als Ganzes aber stellt das Bienenvolk einen konstant warmen Organismus dar. Wie schon erwähnt, bilden die «Hautbienen» den Abschluß dieses sozialen Körpers. Sie sitzen in der Wintertraube zuäußerst, dicht zusammengedrängt und mit nach innen gerichtetem Kopf. Die Nahrungsmenge, die das Durchhalten dieser hohen Wintertemperatur erfordert, hängt einerseits von der Volksgröße, anderseits von der Isolation des Bienenstockes und damit der Fürsorge des Imkers ab. Ein starkes Bienenvolk braucht mit seiner verhältnismäßig kleineren Oberfläche auch verhältnismäßig weniger Nahrung als ein schwaches Volk, das sich leichter auskühlt. Das Einwintern gehört mit zur Kunst der Imkerei. Die Bienen müssen wohl warm eingepackt sein, aber zugleich auch genügend Luft zur Verfügung haben, damit sie nicht ersticken. Diese Gefahr besteht vor allem deshalb, weil das Heizen eine verhältnismäßig hohe Verbrennung in den Bienenkörpern voraussetzt, viel Sauerstoff verbraucht und Kohlendioxyd und Wasserdampf erzeugt. Um den entfernten Honig zu ersetzen, gibt man bei unseren Verhältnissen einem Bienenvolk als Wintervorrat durchschnittlich 12 bis 15 Kilogramm Zucker in Form von Zuckerwasser. Heizende Bienen erkennt man daran, daß sie leise mit den Flügeln vibrieren und stark atmen.

Die Bienen heizen nun nicht nur im Winter, sondern auch im Sommer und sind auch fähig, durch Wasserverdunsten zu kühlen, d. h. sie unterhalten eine konstante Bruttemperatur

Rechts:
Honigbienen auf der Brutwabe.
Ein Zusammenleben ohne Ordnung? – Nur scheinbar, denn jede einzelne Biene übernimmt instinktiv bestimmte Tätigkeiten innerhalb der Gemeinschaft.

Unten:
Brutzellen der afrikanischen Honigbiene. Für die soeben geschlüpfte Jungbiene beginnt nun ein genau vorgegebener Lebensweg.

Rechts:
Die Furchenbiene, im Gegensatz zur Honigbiene in einer weniger hoch entwickelten Gemeinschaft lebend, muß im Frühjahr alleine, ohne helfende Ammen die Brutpflege beginnen. Sie versorgt deshalb ihre Eier mit einem orangengelben «Honigkuchen».

Rechts unten:
Zapfenförmige «Königinnenzellen» der Honigbiene.

Im Frühjahr erwacht der Bautrieb. Erstaunlich ist die Präzision, mit der die Waben angelegt werden. Die Bienen erfüllen instinktiv ihre Aufgaben, die jedoch nicht unmittelbar mit dem Wabenbau zusammenhängen müssen: Einige Bienen, zu einer Girlande aneinandergereiht, übernehmen die Temperaturregulierung an der Baustelle.

Unten:
16 Tage dauert die Entwicklung der Bienenkönigin in der zapfenförmigen «Weiselwiege». Nach dem Schlüpfen wird sie noch ungeschlüpfte Rivalinnen töten und sich bei günstiger Witterung auf den Hochzeitsflug begeben.

Rechts:
Gelb- und orangefarbener Blütenstaub wird in den Waben gespeichert.

Rechts unten:
Der Blütenstaub wird als «Höschen» an den Hinterbeinen heimgetragen. Bis zur Hälfte des Eigengewichtes vermag eine Biene zu transportieren.

von 35 °C, eine Temperatur, die der Wärme der Säuger und Vögel nahekommt. Diese warmblütigen Wirbeltiere haben ihre Unabhängigkeit von der Außentemperatur aufgrund der hohen Spezialisierung ihres Organismus erreicht. Bei den Bienen gelangt die Natur zum gleichen Ziel, indem sie ein ganzes Volk, eine Vielzahl von Individuen, zu einer höheren Einheit zusammenschließt.

Der Honig

Honig ist nicht nur die Winternahrung des Bienenvolkes, sondern er liefert den arbeitenden Bienen überhaupt die Energie, welche sie für die Bewegung und Wärmeerzeugung brauchen. Er ist eine hochkonzentrierte, aromatische Zuckerlösung, die die Bienen aus dem Nektar von Blüten oder aber aus Honigtau bereiten. Der Honigtauhonig oder Waldhonig entstammt nur indirekt der Pflanzenwelt, denn Honigtau nennen wir den zuckerhaltigen Saft, den die Blattläuse absondern, wenn sie auf Tannadeln oder Laubblättern saugen. Sie nützen den Pflanzensaft nur unvollkommen aus, indem sie ihm vor allem das Eiweiß entziehen und den Zucker unverdaut ausscheiden. Im Hochsommer glänzen die Blätter der Bäume oft von dem klebrigen Zuckerüberzug, der von höher hängenden Blättern auf sie herunterträufelt, und dicht begangene Ameisenstraßen zeigen, daß auch Ameisen Liebhaber dieser Nahrung sind. Die Bienen sammeln Honigtau, sobald im Sommer die Blütentracht abnimmt. Blattlaushonig hat meistens eine dunkle Farbe und, wenn er von Tannen stammt, einen harzigen Geschmack. Der Blütenhonig dagegen ist heller, oft goldgelb, und vereinigt mit dem Wachs- und Bienenduft auch den Duft der Blüten. Die Bienen bereiten ihn aus dem Nektar, jenem

Links:
Bienen sind blütenstet, d. h. sie ernten zunächst nur bei einer Blütenart. Dadurch wird die Bestäubung dieser Blütenart gewährleistet. Beim Wiesensalbei muß die Biene tief am Blütengrund nach Nektar suchen (vgl. S. 13–16).

feinduftenden Zuckersirup, den viele Blüten aus speziellen Drüsen absondern, um dadurch die Insekten zum Besuch einzuladen. Der Zuckergehalt des Nektars ist je nach Pflanze, aber auch je nach Tageszeit und Wetter verschieden. Er beträgt durchschnittlich etwa 40 Prozent. Der reife Honig enthält dagegen einen durchschnittlichen Zuckergehalt von 80 Prozent. Diese Konzentration verhütet eine Gärung. Während der Nektar und auch der Honigtauhonig vorwiegend Rohrzucker aufweisen, enthält der Blütenhonig «Invertzucker», das heißt eine Mischung aus Traubenzucker und Fruchtzucker, beides einfache Zuckerarten, und ist darum – wie der im Handel käufliche Traubenzucker – leicht verdaulich. Diese beiden Zuckerarten bestimmen auch die dem Honig eigentümliche Art der Kristallisierung, da nur der Traubenzucker fein auskristallisiert, der Fruchtzucker aber als dickliche Paste die Traubenzuckerkristalle umgibt und voneinander trennt. Die Umwandlung des Rohrzuckers in Invertzucker beginnt auf dem Transport ins Bienenhaus, und zwar unter dem Einfluß eines Fermentes in der Honigblase der Biene. Die Stockbienen nehmen sich der weiteren Reifung des Honigs an. Indem sie sich in lange Reihen vom Flugloch bis ins Innere des Stockes stellen und mit den Flügeln schwirren, erzeugen sie bei warmem Wetter einen intensiven Luftstrom, der dem Honig Wasser entzieht. Dieser befindet sich dabei noch nicht in den endgültigen Honigzellen, sondern ist zur Vergrößerung der Oberfläche tropfenweise auf verschiedene Zellen verteilt, wo er an den Zellen hängt oder an deren Wände gestrichen worden ist. Später erst wird er wieder eingesammelt und in die eigentlichen Honigzellen gebracht. Man hat zudem eine merkwürdige Beobachtung gemacht. Der frisch eingetragene Nektar wird auf viele Stockbienen verteilt, die ihn bearbeiten, indem sie ihren Nektartropfen immer wieder aus der Mundöffnung ausstoßen, zwischen die Mundwerkzeuge gleiten lassen und wieder aufsaugen. Dieser Vorgang dauert oft zwanzig Minuten lang ununterbrochen fort.
Um ein Pfund Honig zusammenzubringen, braucht es die Lebensarbeit von 3000 Bienen. Natürlich zehren die sammelnden Bienen auch selber von dem Honig, den sie eintragen.

Die Anatomie der Verdauungswerkzeuge wird zeigen, wie die Biene für ihren Eigenbedarf aus der Honigblase schöpfen kann.
Man erkennt den echten Bienenhonig vor allem am Gehalt an Invertzucker und auch an einer geringen Beimischung von Pollenkörnern. Die Art der Pollenkörner deutet zugleich auf die Herkunft des Honigs hin – ihre Analyse ergibt, aus welchen Blüten der Honig stammt. Aus der Art der Blüten wiederum kann auf die Landesgegend, ja auf das Land oder den Kontinent geschlossen werden. Auf diese Weise läßt sich bestimmen, ob der Honig einheimisch ist oder gar aus Übersee stammt.
Der Honig ist nicht nur ein Genußmittel, sondern insofern auch ein Heilmittel, als er schleimlösend und etwas desinfizierend wirkt. Außer seinem hohen Zuckeranteil enthält er noch geringe Mengen von Apfelsäure, Zitronensäure, Essigsäure und Spuren von Ameisensäure, die die anregende Wirkung des Zuckers steigern. Die hohe Bedeutung des Honigs als Volksheilmittel gründet in einer alten Überlieferung.

Der Körperbau der Honigbiene

Ein harter Panzer umschließt den ganzen Insektenkörper, gibt ihm den Halt und bietet Ansatzstellen für die Muskeln. Er stellt ein Außenskelett dar, an dem die Muskeln innen angreifen, und besteht aus Chitin, einer hornähnlichen Substanz. Diese ist zwar leichter als Knochen, aber mindestens ebenso widerstandsfähig. Da das einmal gebildete Chitin tot ist und sich weder dehnt noch wächst, häuten sich die Bienenlarven, wie alle Insektenlarven, während ihres Wachstums einige Male. Der Chitinpanzer der Biene ist dicht behaart und wegen seiner Härte gegliedert. An den dünnen Stellen, welche die festeren Abschnitte miteinander verbinden, kann er bewegt werden. Die harten Skeletteile stoßen aber nicht bloß aneinander, sondern greifen ineinander und bilden oft Gelenke, welche von dünnen Hautfalten überbrückt werden. Die Schönheit und Vollkommenheit dieser Gelenkformen setzen uns bei mikroskopischer Betrachtung immer wieder in Erstaunen.

Der ganze Insektenkörper ist in drei Hauptabschnitte gegliedert, in Kopf, Brust und Hinterleib. Von vorne gesehen hat der *Kopf* eine dreieckige Form und besteht gleich dem Schädel der Wirbeltiere aus einem einzigen Stück. Wie jeder Kopf, trägt er die Hauptsinnesorgane, das Gehirn und den Mund. Die beiden großen, zusammengesetzten Augen sitzen an den Seiten des Kopfes. In ihrem Aufbau sind sie vom Wirbeltierauge total verschieden, obschon sie doch ähnliches leisten und ebenfalls ganze Bilder vermitteln. Das gilt nicht für jedes Sehorgan im Tierreich. Es gibt zum Beispiel Würmer, die mit ihren Augen nur Hell und Dunkel zu unterscheiden vermögen. Ein Bild setzt sich dagegen aus hellen und dunklen oder verschiedenfarbigen Punkten zusammen, und ein Auge erfaßt es in seiner Gesamtheit, sobald die einzelnen Punkte wahrgenommen werden können.

Das Wirbeltierauge arbeitet wie ein Photoapparat (Kameraauge). Eine enge Öffnung mit einer Linse wirft das Bild auf den Augenhintergrund. Dort befinden sich viele Sinneszellen, von denen jede einen Punkt des Bildes empfindet. Das *Insek-*

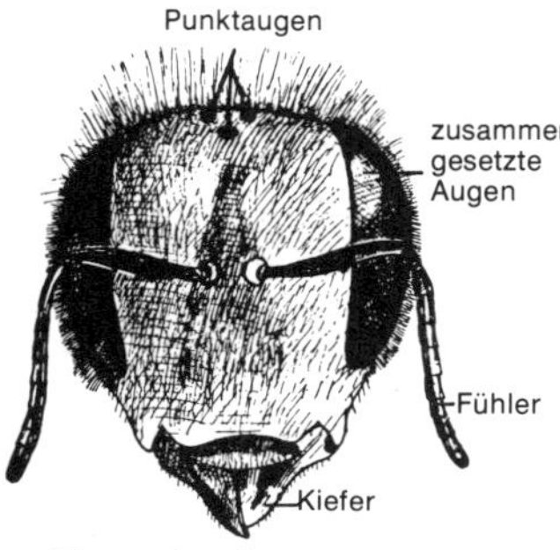

Bienenkopf von vorn.

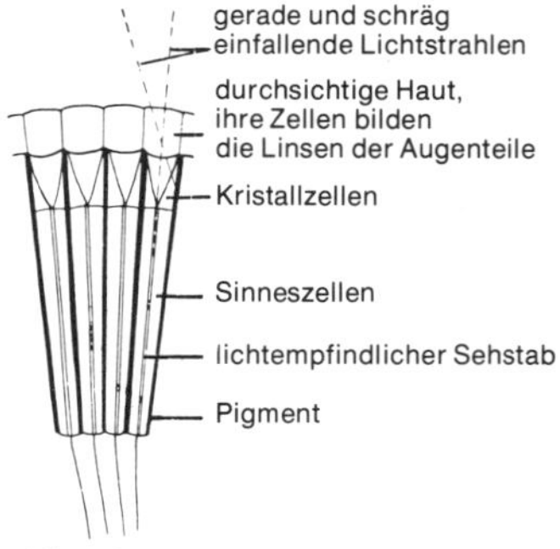

Vier Augenkeile aus einem Insektenauge.

tenauge dagegen gleicht einem Bündel feinster Fernrohre, von denen jedes auf einen Punkt der Außenwelt gerichtet ist, und zwar jedes auf einen anderen. Für das Bienenauge hat man etwa fünftausend solcher Einzelaugen errechnet. Sie sind keilförmig aneinandergefügt, so daß ihre Sehachsen leicht auseinanderstreben. Schwarzes Pigment trennt die Einzelaugen voneinander und steht hülsenartig über den lichtempfindlichen Sehstab vor. Dadurch werden nahezu alle schräg einfallenden Lichtstrahlen vernichtet, bevor sie eine Sinneszelle erreichen. Durch diese Vorrichtung sieht jedes Einzelauge im wesentlichen nur den Punkt, der in der Verlängerung seiner Sehachse liegt. Alle Punkte zusammen ergeben das Bild. Je nachdem, wie dicht die Einzelaugen stehen, vermag das ganze Auge (Facettenauge) mehr oder weniger Einzelheiten zu sehen. In dieser Beziehung ist das Menschenauge etwa hundertmal leistungsfähiger als das Bienenauge, obschon dieses die Leistungsfähigkeit mancher anderer Insektenaugen beträchtlich übertrifft. Das Insektenauge ist jedoch im Gegensatz zum Wirbeltierauge nicht in erster Linie für das räumliche, sondern für das zeitliche Sehen angelegt. So kann das Bienenauge zehnmal mehr zeitlich aufeinanderfolgende Reize aufnehmen als das menschliche Auge. Diese Fähigkeit ist natürlich beim Sehen während des Fluges (Bewegungssehen) von Bedeutung. Auch ist das Gesichtsfeld der Biene größer. Das trifft ganz besonders für die Bienenmännchen (Drohnen) zu, die mit ihren gewaltigen Augen fast die ganze Himmelsglocke gleichzeitig sehen. Nun besitzen aber die Bienen noch drei weitere Augen, nämlich drei Punktaugen in der Mitte der Stirne. Diese Augen ermöglichen die Wahrnehmung sehr geringer Helligkeitsänderungen, so daß die Biene Beginn und Ende ihrer Sammeltätigkeit während der Dämmerung jeweils auf den frühesten bzw. spätesten Zeitpunkt verlegen kann.

Da sich die Bienen während eines bedeutenden Teiles ihres Lebens im Bienenstock aufhalten, spielen auch ihre *Fühler* eine wichtige Rolle. Diese sind von Tausenden von Tasthaaren bedeckt und tragen zugleich den Geruchssinn. Mit dem Mikroskop stellt man kleine, nur mit feinen Häutchen über-

deckte Riechporen fest. Die Gliederung und Beweglichkeit der Fühler ermöglicht ein feines Tasten und Beriechen.
Der *Geschmackssinn* steht mit den Mundwerkzeugen in Beziehung. Er muß der Biene vor allem süße Säfte anzeigen, wobei die Biene wählerischer ist als der Mensch. Sie lehnt fünfprozentige Zuckerlösungen ab und nimmt auch zehnprozentige Lösungen nur dann, wenn sie Hunger hat oder nichts Besseres findet. Dem Menschen erscheint dagegen eine einprozentige Zuckerlösung schon als süß, eine zehnprozentige Lösung als sehr süß. Man versteht aber, daß die Biene davor bewahrt werden muß, zu dünne Zuckerlösungen einzutragen, weil sonst die Arbeit des Eindickens zu groß würde.
Der Sitz der besprochenen großen Sinnesorgane liegt unmittelbar neben dem *Gehirn.* Dieses besteht aus einer Ansammlung von Nervenzellen, welche die Sinneseindrücke speichern, das heißt im Gedächtnis behalten, untereinander in Verbindung setzen und das Tier zum Handeln veranlassen. Die meisten Insekten handeln rein automatisch, wie die

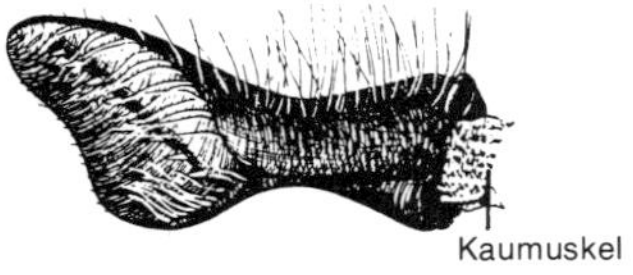

Bienenkiefer (Innenseite).

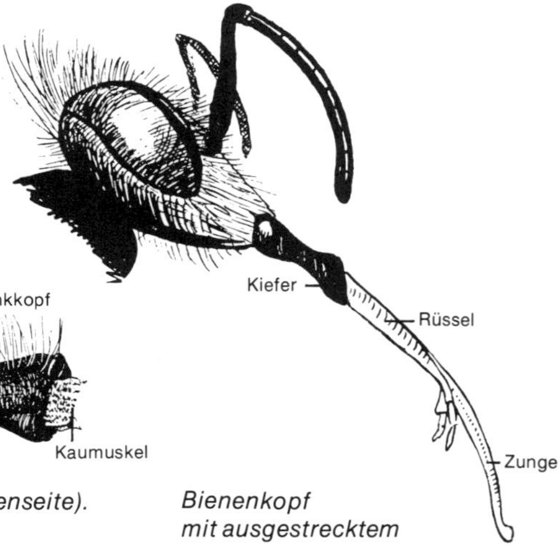

Bienenkopf mit ausgestrecktem Rüssel von der Seite.

Fliege, welche in sturem Zwang die Zimmermitte umsurrt. Die Bienen dagegen benehmen sich nicht ganz so zwanghaft, was man schon am Bau ihres Gehirnes feststellen kann. Sie haben außer den eigentlichen Sinneszentren noch die «pilzförmigen Körper», ein Gehirnabschnitt, der mit keinem Sinnesorgan in direkter Beziehung steht, dafür aber durch seine Nervenfasern mit den anderen Gehirnteilen verbunden ist. Daraus schließt man, daß die Bienen ihre Sinneseindrücke wenigstens in einem minimalen Maße zu verarbeiten vermögen. Anderseits ist nicht zu verschweigen, daß uns die psychischen Fähigkeiten der Biene große Rätsel aufgeben und wir weit davon entfernt sind, diese gar mit bestimmten Teilen des Nervensystems in Zusammenhang bringen zu können. Die Fähigkeiten und Möglichkeiten des Bienenvolkes als Ganzes, seine Gesamtreaktionen, werfen sogar die Frage auf, ob Psychisches wirklich ausschließlich an Nervensubstanz gebunden ist.

In der Nähe der großen Sinnesorgane befindet sich auch der *Mund.* Er liegt bei der Biene an der unteren Ecke des dreieckigen Kopfes und ist mit einem etwa 6,5 Millimeter langen *Rüssel* verbunden, der für gewöhnlich verborgen unter den Kopf geklappt ist und zum Saugen ausgestreckt werden kann. Der Rüssel besteht aus vier einzelnen Teilen, die sich bei der lebenden Biene zu einem Rohr zusammenfügen und die *Zunge* umschließen. Diese ist geringelt und nach allen Seiten hin beweglich. An ihrer starken Behaarung bleibt der Nektar leicht hängen. Beim Trinken schnellt die Zunge unaufhörlich aus dem Rüssel vor und zurück; die Biene leckt und schlürft zugleich. Am vorderen Ende der im ganzen zwei Millimeter langen Zunge ist ein besonderer, mit Borsten besetzter Abschnitt ausgebildet, der einem winzigen Löffelchen gleicht. Nimmt die Biene damit Kostproben, oder kratzt sie mit dessen Hilfe den letzten Rest des Nektars aus der Blüte?

Hinter dem Rüssel erweitert sich die Mundöffnung etwas, bevor sie in die engere Speiseröhre übergeht. An dieser Stelle sitzen die Muskeln, die die Saugwirkung auslösen. An ihrem vorderen Ende münden bei den Arbeiterinnen die großen, paarigen *Futtersaftdrüsen* in die Speiseröhre ein. Diese liegen

im Kopf und sind nur bei den jungen Stockbienen in Funktion.
Am unteren Ende des Kopfes befinden sich über der Basis des Rüssels noch zwei hantelförmige kleine *Kiefer,* die die Biene gegeneinander bewegen kann und auch wie eine Zange zum Fassen gebraucht. Damit packt sie Rivalen und stößt sie übers Flugbrett hinunter. Sie dienen ebenfalls zum Wegtransport toter Bienen oder Schmutzkrumen und zur Bearbeitung des Wachses beim Wabenbau. Während die Außenseite dieser Kiefer einfach gewölbt ist, weist die Innenseite eine Vertiefung auf, in welche der Ausführgang einer kleinen Speicheldrüse mündet. Bei mikroskopischer Betrachtung sehen wir einen Kranz von Haaren, der die Vertiefung umsteht und in der Mitte eine lockere Reihe schlanker Zähnchen einschließt. Wird damit gekaut, oder sollen sie bloß Halt bieten beim Anfassen von Gegenständen? Eine andere große Speicheldrüse führt zum Rüsselgrund, liegt aber nur zum Teil im Kopf und zum Teil in der Brust.
Die Brust trägt die zehn *Fortbewegungsorgane,* und zwar vier Flügel und sechs Beine. Die zugehörigen Muskeln füllen sie vollständig aus. Man versteht, daß diese Brust sehr stabil gebaut sein muß. Sie besteht aus vier Körperringen, die fest miteinander verwachsen sind. Nur der Rückenschild läßt sich gegen den Bauchschild zu etwas verschieben, und in der betreffenden Naht sind die Flügel eingelenkt. Diese werden indirekt bewegt, denn an den Flügeln selbst setzen nur kleine Muskeln an, welche für deren Stellung verantwortlich sind, sie nach vorn und hinten führen und drehen können. Die *Muskeln,* welche die eigentliche Flugarbeit leisten, verlaufen quer durch die ganze Brust, flachen diese ab und wölben sie vor. Sie heben und senken gleichzeitig alle vier Flügel auf indirektem Weg.
Beim Fliegen werden die vorderen und hinteren Flügel durch ungefähr 23 kleine *Haken* zusammengefügt. Die Haken entspringen am Vorderrand des hinteren Flügels und hängen in den hinteren Rand des vorderen Flügels ein, dort, wo er zu einer rinnenförmigen Falte nach oben umgebogen ist. So wird die Flugfläche stabiler und läßt keine Luft zwischen den

beiden Flügeln durchströmen. Sobald sich die Biene jedoch setzt, hängen die Flügel aus und legen sich auf dem Rücken übereinander. Die Biene ist nun schmaler und schlüpft leichter durch das Gedränge im engen Stock. Die Flügelhäkchen sind offensichtlich aus vergrößerten Haaren hervorgegangen und fußen auf der starken Ader des Flügelvorderrandes. Der übrige *Flügel* ist fein behaart. Im übrigen ist er mit einem Flugzeugflügel zu vergleichen. Die Adern, die die doppelte Haut stützen und spannen, entsprechen den Trägern. Sie verstärken ganz besonders den vorderen Rand des Flügels, welcher beim Fliegen die Luft durchschneidet. Der hintere Rand läuft flach aus, so daß der Flügelquerschnitt einigermaßen dem Querschnitt eines Vogelflügels entspricht, bei dem die Handknochen den Vorderrand verstärken und der nach hinten

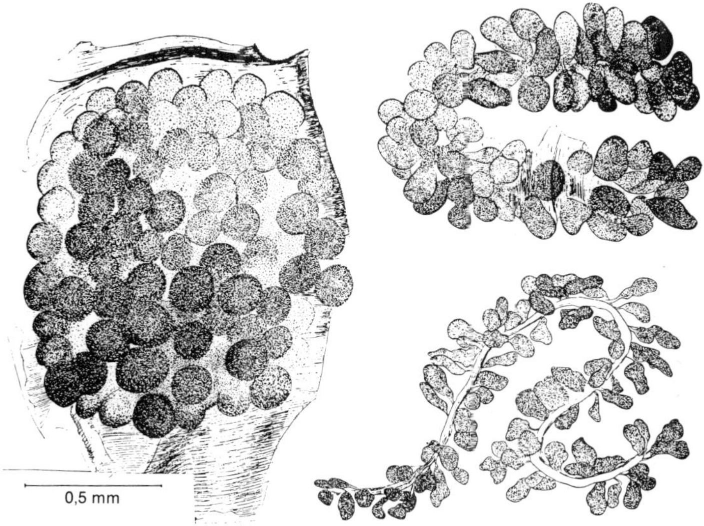

Futtersaftdrüsen, links voll ausgebildet, rechts in Rückbildung begriffen. Die einzelnen Drüsenbeeren hängen an einem gemeinsamen Ausführgang.

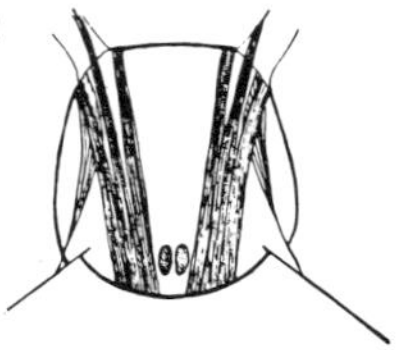

Querschnitt
durch die Brust einer Biene.
Indirekte Flugmuskeln
und direkter Flügelsenker.

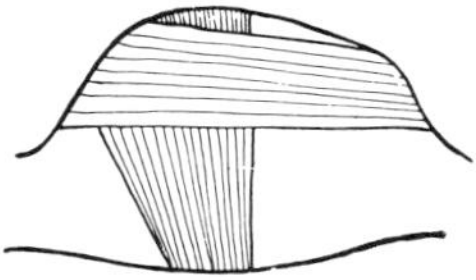

Längsschnitt.

über die Schwungfedern ausläuft. Ein solches Flügelprofil verhütet die Bildung von Wirbeln. Die Flügel*bewegung* der Biene kann aber nicht mit derjenigen der Vögel verglichen werden, sondern eher mit der Bewegung eines Propellers, denn sie ist außerordentlich rasch. Schon aus dem Summton

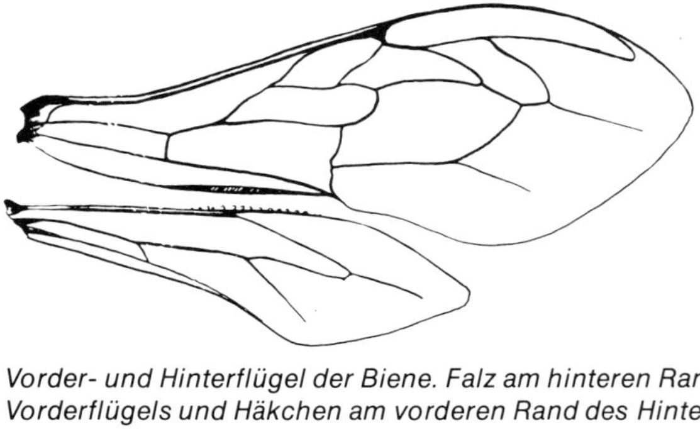

Vorder- und Hinterflügel der Biene. Falz am hinteren Rand des Vorderflügels und Häkchen am vorderen Rand des Hinterflügels.

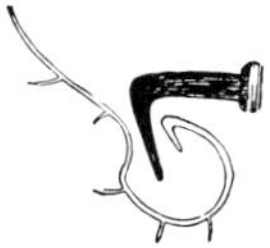

Querschnitt
durch den nach oben gerollten Hinterrand des Vorderflügels mit Häkchen.

der fliegenden Biene, aber auch auf photographischem und kinematographischem Wege stellt man fest, daß die Biene an die 200 Flügelschläge in der Sekunde ausführt. Jeder Einzelschlag beschreibt dabei eine flache Acht, da die Flügelspitze etwas weiter vorn nach unten geführt, etwas weiter hinten nach oben gezogen wird.
Wie bei den Flugmuskeln, so liegt auch bei den Beinmuskeln wenigstens ein Teil in der Brust. Von hier aus führen lange Sehnen zu dem Glied, das sie bewegen. Durch ihre sieben Glieder sind die *Beine* vielfältig beweglich. Sie werden nicht nur zur Fortbewegung, sondern auch zur Reinigung des Körpers gebraucht. Mit den Vorderbeinen kämmt und putzt sich die Biene den Kopf, vor allem Augen und Fühler; mit den mittleren Beinen bürstet sie sich die Flanken und mit den Hinterbeinen die Körperunterseite. Nur die Mitte des Rückens vermag die Biene mit keinem ihrer Beine zu erreichen, und darum läßt sie sich diese Stelle von einer ihrer Schwesterbienen reinigen. Sie kann sogar den Wunsch, gebürstet zu werden, ausdrücken. Durch sorgfältige Beobachtung hat man entdeckt, daß sich die Biene meistens zwischen zwei Sammelausflügen reinigt. Das geht nun so zu, daß sie sich zuerst, soweit es geht, selbst bürstet und dann plötzlich heftig zu

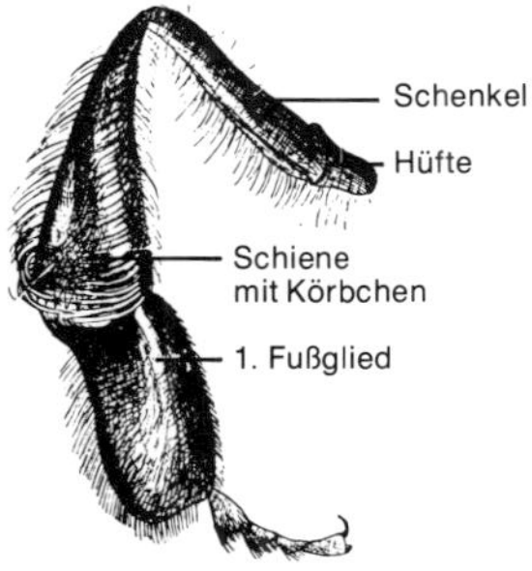

Hinterbein mit Körbchen (Außenseite).

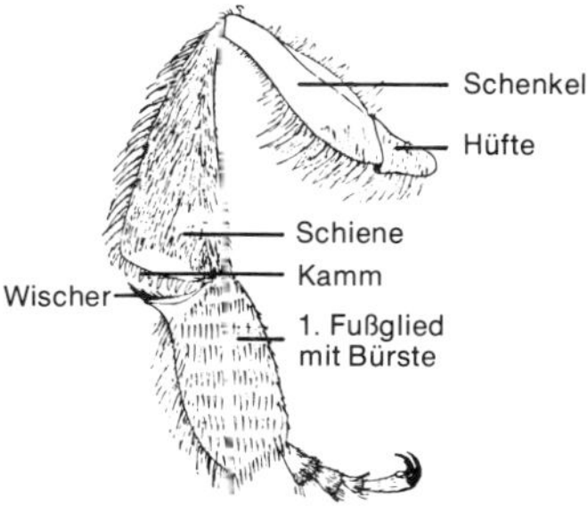

Hinterbein mit Bürste (Innenseite).

Mittelbein der Biene.

Krallenglied stark vergrößert.

zittern beginnt. Dadurch wird eine andere Biene auf sie aufmerksam, eilt ihr zu Hilfe und reinigt ihr mit den Kiefern den Rücken. Während dieser Prozedur steht die Sammelbiene ganz ergeben da und läßt die Behandlung bewegungslos über sich ergehen.

Die mikroskopische Untersuchung weist sogar auf das Vorhandensein kleiner Toilettenwerkzeuge hin. Alle drei Beinpaare sind auf der Innenseite in der Art kleiner Bürsten mit dichten Haaren besetzt. Die Vorderbeine haben dazu aber noch einen wunderschönen kleinen Bogenkamm, dessen Durchmesser genau demjenigen der Fühler entspricht. Er befindet sich in einer bogenförmigen Kerbe am oberen Ende des ersten Fußgliedes. Wenn die Biene den Fühler reinigen will, legt sie ihn in die Kerbe, schließt das entsprechende Gelenk etwas, so daß der von oben herunterhängende Hautlappen auf den Fühler drückt, und zieht den Fühler hindurch. So wird er gründlich durchgekämmt und vom Staub befreit.

Die Bürste der Hinterbeine dient nun nicht nur der Körperreinigung, sondern gehört vor allem zum *Pollensammelapparat.* Die Bienen sammeln den Blütenstaub mit den Hinterbeinen und tragen ihn an deren Außenseite als «Höschen» ein. Die Pollenklümpchen haften im «Körbchen», einer kahlen, von langen gebogenen Haaren umstellten Vertiefung der Hinterbeinschiene. Mitten in der kahlen Stelle des Körbchenbodens steht ein einzelnes Haar. Dieses stellt den Mast dar, um den sich der Blütenstaub anhäuft wie bei einem Streuhaufen. Wie aber bringt die Biene den Blütenstaub dahin? Das blieb lange ihr eigenes Geheimnis, denn die genaue Beobachtung des Vorganges ist dadurch erschwert, daß das «Höseln» im Fluge geschieht. Man erkannte die Funktion dieses Apparates zuerst bei den Hummeln, den Verwandten der Honigbiene. In der Morgenkühle, wenn sie sich noch ganz langsam bewegten, konnte den Hummeln das Geheimnis abgelauscht und der Weg der Pollenkörner von den Staubbeuteln der Blüten bis ins Körbchen des Insekts verfolgt werden. Der Vorgang ließ sich bei den Bienen überprüfen, und man weiß seither, daß diese beim Blütenstaubsammeln eifrig über die Staubbeutel der Blumen krabbeln, auch Staubbeutel aufbeißen und den Blütenstaub zuerst aus ihrem Munde mit etwas Honig befeuchten, um ihn klebrig zu machen. Dann bürsten sie mit den großen Bürsten der Innenseite ihrer Hinterbeine den Staub von den Staubbeuteln und der Körperunterseite ab. Zwischen dem ersten Fußglied (dem Bürstenglied) und der Schiene (die das Körbchen trägt) befindet sich ein grober Kamm. Damit kämmt sich die Biene die Pollenbürste aus, und zwar über Kreuz, indem sie mit dem Kamm des rechten Beines die linke Bürste und mit dem Kamm des linken Beines die rechte Bürste behandelt. So gelangt der Pollen an den unteren Rand des Körbchens, und ein kleiner Wischer stößt ihn schließlich noch in die Mulde hinauf. Während die Biene von Blüte zu Blüte sammelt und bei jedem Auffliegen die Hinterbeine aneinanderreibt, schafft sie immer mehr Pollen ins Körbchen; die Höschen wachsen an. Ist das Körbchen voll, so fliegt die Sammlerin zum Stock zurück, sucht eine Pollenzelle auf und strampelt die Höschen hinein. Das Gewicht eines einzelnen Höschens macht etwa 12 bis 29 Milligramm aus, beide zusammen also 40 bis 50 Milligramm. Das ist gut das halbe Gewicht der Biene, die ungefähr 82 Milligramm wiegt.

Wenn sich in den besprochenen kleinen Apparaten die drei Beinpaare der Biene voneinander wesentlich unterscheiden, so stimmen sie doch in einer anderen Einrichtung überein, nämlich in der Ausgestaltung des letzten Fußgliedes. Die

Füße der Maikäfer enden in Krallen, die Füße der Fliegen in Saugnäpfen, die Füße der Bienen besitzen beides. Zwischen zwei Doppelkrallen, welche auf den weichen Waben und jeder rauhen Unterlage Halt finden, liegt in der Mitte eines kissenartigen Fußballens eine Art *Saugnapf.* Gleiten die Krallen auf einem glänzendglatten Blütenblatt oder einem anderen glatten Gegenstand aus, so überkreuzen sie sich und geben die von einer hufeisenförmigen Chitinspange begrenzte Vertiefung frei. Der Hautlappen, der ihn für gewöhnlich überdeckt, springt auf, eine Drüse in der Mitte des Saugnapfes befeuchtet ihn, und die Füße haften an der glatten Fläche.

Auch der *Bienenstachel* ist ein recht komplizierter Apparat und befindet sich am Ende des Hinterleibes. Bei vielen Insekten, und zwar auch bei verschiedenen Wespen- und Bienenarten, finden wir ihn als Legestachel entwickelt. Der Stachel der Biene aber, wie auch derjenige der Bienenkönigin, ist eine reine Waffe. Unter dem Mikroskop betrachtet zeigt sich, daß er aus drei Teilen besteht, die gemeinsam ein gegen vorne zugespitztes Rohr bilden. Dieses Rohr setzt sich aus einer Rinne und zwei sie nach unten abschließenden langen Borsten zusammen. Durch die Stachelrinne fließt aus einer großen Giftblase das Gift in die Wunde. Die beiden Dornen sind vorne gezähnt und laufen auf den beiden Kanten der Rinne wie auf Schienen hin und her. Beim Stechen *drückt* der Stachel sich nicht in des Gegners Haut, sondern er *sägt* sich hinein. Von hinten her stößt ein eigentliches Hebelwerk mehrerer miteinander verbundener Platten die Stechborsten hin und her. Die Platten werden von Muskeln bedeckt, die sie betätigen und die auch außerhalb des Bienenkörpers noch weiterarbeiten. Das ist dann der Fall, wenn die Biene einen Menschen oder ein Säugetier gestochen hat; denn die Haut des Menschen und des Säugers ist elastisch, zieht sich um die Zähnchen des Stachels zusammen und hält diesen fest. Die wegstrebende Biene reißt sich selber vom Stachelapparat los und stirbt dann an der großen Wunde. Der Stachel aber dringt nun noch tiefer in die Haut ein und gibt, wenn man ihn nicht rasch entfernt, immer noch Gift ab. Sticht aber die Biene Feinde aus ihren eigenen Reihen, Bienen, Wespen oder

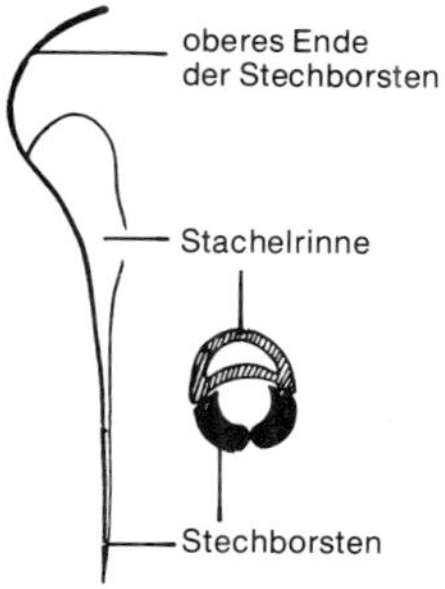

Bienenstachel von der Seite sowie im Querschnitt.

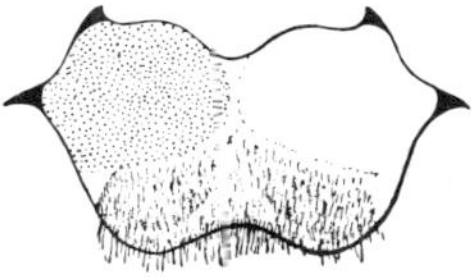

Bauchschuppe. Der obere, von der folgenden Schuppe bedeckte Teil ist porös.

andere Insekten, so muß sie sich nicht opfern, denn der Stich hinterläßt im Insektenpanzer ein offenstehendes Loch, durch welches die Biene den Stachel leicht zurückziehen kann. Der Stachel der Königin ist etwas kräftiger, fast ohne Widerhaken und leicht gekrümmt. Sie braucht ihn nur gegen ihre Rivalinnen.

Im Gegensatz zu Kopf und Brust ist der *Hinterleib* der Biene aus einigen gegeneinander beweglichen Ringen zusammengefügt. Er vermag sich zu krümmen, auszudehnen und zusammenzuziehen. Da die Hinterleibsringe ihrerseits wieder aus je einer Rückenschuppe und einer Bauchschuppe bestehen, kann der Hinterleib auch in der Höhe an Umfang zunehmen. Diese Beweglichkeit ist für das Stechen und für die Atmung notwendig. Der Hinterleib dehnt sich auch, wenn die Biene Honig oder Wasser trinkt, bei der Königin zudem beim Anschwellen des Eierstockes.

Auf vier der sechs Bauchschuppen liegen die aus mehreren tausend zylindrischen Zellen bestehenden *Wachsdrüsen,* die zu je zwei Paaren auf jeder Schuppe, und zwar noch von der folgenden Schuppe bedeckt, angeordnet sind. An dieser Stelle sind die Schuppen von feinen Poren durchbrochen, so daß das anfänglich noch flüssige Wachs gleich durch den Panzer hindurch abgesondert wird und erst zwischen den

beiden Schuppen, in der Schuppentasche, erstarrt. Auf diese Weise kann die Biene gleichzeitig acht Wachstäfelchen absondern. Zu einem Gramm Wachs braucht es etwa 1250 solcher Täfelchen. Die Biene zieht die Täfelchen mit den Hinterbeinen aus den Wachstaschen heraus und führt sie über die mittleren Beine zu den Kiefern. Mit den Kiefern knetet sie das Wachs und fügt es dann an der richtigen Stelle der Wabe ein. Wachs ist eine fettähnliche Substanz. Zum Absondern des Wachses benötigen die Bienen Kohlehydrate, die das Blut den Drüsen vom Darm her bringt. Nur mit Honig oder Zuckerwasser genügend ernährte Bienen können Wachs schwitzen.
Wie bei anderen Tieren, so vermittelt auch bei den Bienen *das Blut* den Stofftransport innerhalb des Körpers. In der Art der Blutversorgung aber besteht ein Unterschied. Die Insekten besitzen einen offenen Blutkreislauf, das heißt, ihr Blut fließt nicht in Blutgefäßen, sondern umspült frei die Organe. Bei der Biene verläuft eine einzige Blutader längs des Rükkens vom Hinterleib bis zum Kopf. Weil die Ader im Bereich des Hinterleibes besonders weit ist und pulsiert, bezeichnet man sie an dieser Stelle als «Herz». Das «Herz» besteht aus fünf hintereinandergeschalteten Kammern. Durch Öffnungen, welche mit Ventilen versehen sind, saugt es das Blut aus dem Hinterleib auf und pumpt es dann gegen den Kopf zu. Hier entsteht daher eine dauernde Blutfülle und ein Gefälle durch die Brust bis zum Hinterleib. Das Blut strömt diesem Gefälle entlang, gelenkt durch zwei dünne Muskelschichten, in den Hinterleib zurück. Die Muskelschichten sind über und unter

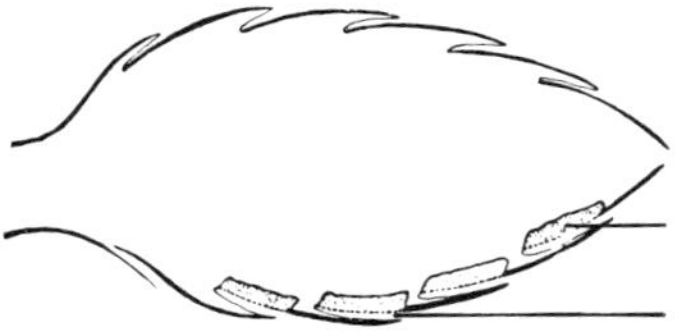

Längsschnitt durch den Hinterleib der Biene, die Lage der Wachsdrüsen zeigend.

Eine Krabbenspinne hat eine Biene beim Blütenbesuch erjagt und saugt nun ihre Beute aus.

Unten:
Nach dem Anflug läßt sich die Biene auf der Unterlippe der Salbeiblüte nieder und dringt zum Nektar am Blütengrund vor. Sie verursacht dadurch das Herunterklappen der Staubbeutel (Schlagbaummechnismus). Der Blütenstaub bleibt in ihrem Haarkleid hängen und wird bei weiteren Blütenbesuchen unbewußt auf andere Salbeiblüten übertragen.

Rechts:
Bienenfleiß: Über 2000 Blütenbesuche pro Tag schafft eine Honigbiene. Nur an Regentagen kann sie sich ausruhen. Nach 5 Wochen etwa sind ihre Kräfte verbraucht, und sie stirbt an Erschöpfung.

Unten:
Die Hornisse – die größte einheimische Wespenart – lebt vorwiegend räuberisch von anderen Insekten. Mit kräftigen Kiefern hält sie ihre Beute: eine Honigbiene.

Rechts:
Eine Biene hat sich in den feinen, klebrigen Fäden eines Spinnennetzes verfangen.

Unten:
Biene an der Tränke: Neben Nektar und Blütenstaub wird auch Wasser gesammelt. Wasser dient vor allem an heißen Tagen zur Temperaturregulierung im Bienenstock.

Rechts:
Um Verhaltensweisen und Sinnesleistungen der Bienen erforschen zu können, werden einige Sammelbienen farbig gekennzeichnet und auf künstliche Futterstellen dressiert.

dem Darm ausgebreitet und teilen den Hinterleib in drei Stockwerke.
Ein offener Blutkreislauf ist bei den Insekten deshalb möglich, weil das Blut nicht für die Sauerstoffversorgung aufzukommen hat. Diese wird vom Atmungssystem direkt besorgt. Das Blut ist aus diesem Grunde nicht rot wie bei fast allen anderen Tieren, sondern farblos; denn der rote Blutfarbstoff hat allein die Aufgabe, den Sauerstoff an sich zu binden und ihn so zu transportieren.
Das *Atmungssystem* der Insekten besteht aus einem Röhrensystem (Tracheen) mit 20 Atmungsöffnungen (Stigmen), wovon 6 in der Brust und 14 im Hinterleib liegen, und zwar in jedem Körperring zwei, das heißt je eine auf jeder Seite. Diese Stigmen sind in einem erweiterten Vorhof durch Haare wie durch ein feines Sieb gegen das Eindringen von Staub und Feuchtigkeit geschützt. Sie bilden den Anfang der nach innen baumförmig verzweigten Tracheen. Die Tracheen sind mit einer feinen Chitinhaut ausgekleidet, was darauf hinweist, daß sie während der Entwicklung der Biene aus der Hautoberfläche nach innen wachsen. Sie stellen eigentliche Luftadern dar und werden ähnlich unserer Luftröhre und unseren Bronchien durch stärkere Ringe offengehalten, so daß die Luft durch die Atmungsbewegung des Hinterleibes mit verhältnismäßig kleinem Widerstand hin- und herstreichen kann. Im Innern des Körpers verästeln sich die Röhren immer feiner, werden immer dünnwandiger und umspinnen als silberne Luftkapillaren die Organe. Mit den Tracheen stehen große Luftsäcke in Verbindung, die das spezifische Gewicht verringern und damit das Fliegen erleichtern. Diese Einrichtung findet sich bei allen fliegenden Insekten und in ganz ähnlicher Weise auch bei den Vögeln.
Der Hinterleib umschließt vor allem noch den Darm, die Ausscheidungs- und die Fortpflanzungsorgane. Zum Darm im

Links:
Die Biene wurde ein Opfer der vollkommenen Tarnung der Krabbenspinne, die ihre Färbung der Umgebung anpassen kann.

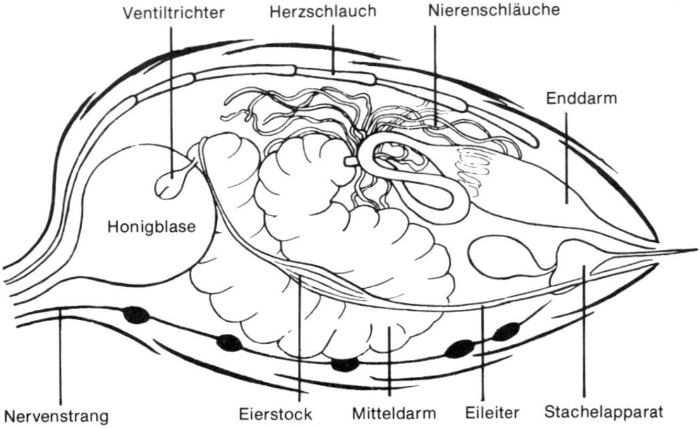

Hinterleib und Eingeweide (Längsschnitt).

weiteren Sinne gehört auch die *Honigblase,* in welche die Speiseröhre mündet. Wenn sie gefüllt ist, wiegt sie etwa 75 Milligramm. In diesem Zustand drängt sie die übrigen Eingeweide stark zusammen und weitet den Hinterleib aus. Gewöhnlich fliegt die Biene allerdings mit einer kleineren Ladung von durchschnittlich 40 Milligramm heim. Wie wir schon hörten, dient die Honigblase als Reservoir. Man hat sie auch den «sozialen Magen» genannt, weil die Bienen den Inhalt der Honigblase nicht für sich allein behalten, sondern die Nahrung immer gleichmäßig an alle Stockgenossen verteilen. Die eigene Ernährung der Biene wird durch eine kleine Saugpumpe sichergestellt, die den Darm mit der Honigblase verbindet. Durch vier Spalten können Honig oder aus dem Honigblaseninhalt Pollenkörner aufgenommen und an den verdauenden Darmteil weitergegeben werden. Der Darmmund wirkt als Ventil, denn nie gelangt Darminhalt in die Honigblase. Verdauender Darmteil ist der *Mitteldarm,* ein erweiterter Darmabschnitt, dessen Wand den Verdauungssaft absondert. Er liegt in einer Schleife im Hinterleib, wo er einen breiten Raum einnimmt. Dann verengt er sich zum Enddarm, wel-

cher die Exkremente sammelt und von den Nierenschläuchen her auch den «Harn» aufnimmt. Die beiden Ausscheidungsprodukte werden gemeinsam ausgestoßen.
Bei der Besprechung der Fortpflanzungsorgane müssen wir davon ausgehen, daß es im Bienenvolk dreierlei Bienensorten gibt, die zwar in den Grundzügen ihres Körperbaues übereinstimmen, sich aber in vielen Einzelheiten unterscheiden.

Drohnen, Königin und Arbeiterinnen

Auf 40000 bis 60000 Arbeiterinnen, die die Hauptmasse eines Bienenvolkes ausmachen, entfallen eine einzige Königin und einige hundert bis ein paar tausend *Drohnen.* Die letzteren sind die Männchen des Bienenvolkes. Sie sind 15 bis 17 Millimeter lang und verhältnismäßig breit gebaut. Sie können weder stechen noch sich selbständig ernähren; sie werden von den Bienen gefüttert. Die Arbeitswerkzeuge der Arbeiterinnen, wie zum Beispiel der Sammelapparat und die Wachsdrüsen, fehlen ihnen vollständig. Sie haben denn auch keine andere Funktion, als für die Befruchtung der Königin bereit zu sein. Da die Befruchtung im Fluge geschieht, sind die großen Augen und Fühler zum Auffinden der Königin sowie die langen Flügel und kräftigen Flugmuskeln zum Überholen der Rivalen auf der Jagd nach ihr sehr wichtig. Drohnen sind am 12. Tag nach dem Ausschlüpfen geschlechtsreif.

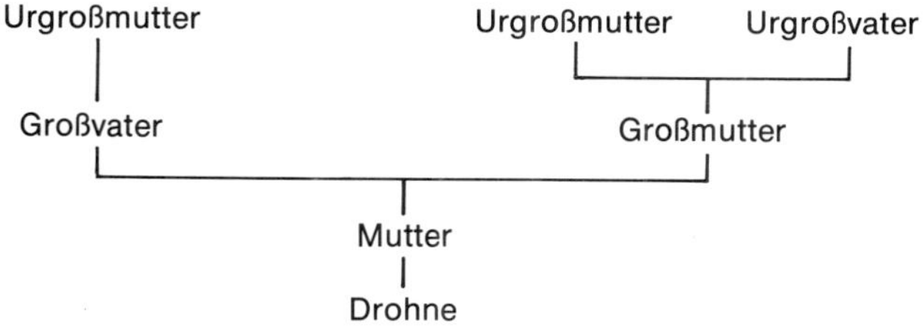

Stammbaum der Drohne.

Königin und Arbeiterin haben beide Eierstöcke, sind also beide Weibchen. Die Eierstöcke der Arbeiterin sind allerdings sehr klein, nur etwa ein fünftel Millimeter breit und vier Millimeter lang. Sie wurden darum auch erst kurz vor 1800 von François Huber, dem blinden Genfer Bienenforscher, und seinem Diener entdeckt. Das Geschlechtsorgan der Arbeiterin besteht zwar immerhin aus einigen Eiröhren und kann unter Umständen entwicklungsfähige Eier erzeugen, nämlich vor allem dann, wenn dem Volk die Königin abhanden gekommen ist. Aus solchen Arbeiterinneneiern entstehen aber merkwürdigerweise nur Drohnen, was man lange nicht verstehen konnte. Auch alte oder kranke Königinnen legen gelegentlich nur noch Drohneneier ab, sind also «drohnenbrütig». Es ergab sich schließlich, daß aus Eiern immer dann Drohnen entstehen, wenn sie nicht befruchtet sind. Die Entwicklung unbefruchteter Eier widerspricht dem Gesetz, wonach nur aus befruchteten Eiern Leben entstehen kann. Die hier vorkommende Ausnahme von der Regel ist aber bestimmend für das Geschlecht der jungen Biene, weil sich aus einem unbefruchteten Ei stets eine Drohne, aus einem befruchteten aber eine Arbeiterin oder Königin entwickelt. Da eine Begattung der Arbeiterin wegen ihrer viel zu engen Geschlechtswege ausgeschlossen ist, kann sie durch ihr Eierlegen ein königinloses (weiselloses) Volk nicht retten.
Wird eine Königin mit einer rassefremden Drohne gepaart, so gleichen die Arbeitsbienen beiden Eltern, die Drohnen dage-

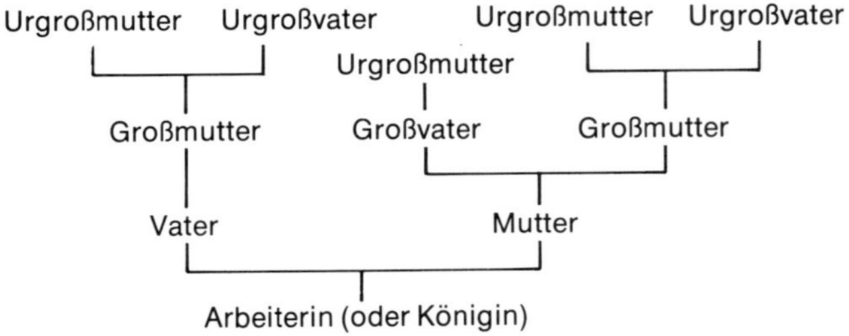

Stammbaum einer weiblichen Biene.

gen nur der Mutter. Diese gelegentliche auffällige Rassenverschiedenheit zwischen den beiden Geschlechtern eines Volkes hat denn auch zur Entdeckung der Vaterlosigkeit der Drohnen geführt. Wer Freude an Stammbäumen hat, wird sich ausrechnen, daß eine Drohne auch nur *einen* Großvater, *eine* Großmutter und nur *zwei* Urgroßmütter und *einen* Urgroßvater hat. Auch bei den Arbeiterinnen und Königinnen zeigt sich gegenüber anderen Lebewesen eine Verringerung der Vorfahrenzahl. Sie haben nur einen Großvater, nur zwei Urgroßväter und drei Urgroßmütter.

Aus den befruchteten Eiern entstehen Weibchen, entweder Arbeiterinnen oder Königinnen – welches von beiden, entscheidet sich im Laufe der drei ersten Larventage unter dem Einfluß der pflegenden Arbeiterinnen. Verliert ein Volk plötzlich seine Königin, sei es durch Krankheit oder ein anderes Mißgeschick, so kann es, sofern es noch Eier oder ein- bis zweitägige Larven besitzt, wieder eine Königin nachziehen. Fehlt dem Volk dagegen frische Brut, so hängt der Imker, wenn er den Verlust der Königin bemerkt, eine Wabe mit Eiern eines anderen Volkes hinein. Das weisellose Volk wird nun nicht versäumen, eine Königin nachzuziehen.

Das Geheimnis, wie die Arbeiterinnen die Entwicklung der weiblichen Bienenlarven lenken, wurde nach jahrzehntelanger, mühsamer Forscherarbeit in neuerer Zeit endlich einigermaßen gelüftet. Es scheint nun festzustehen, daß es durch hormonartige und vielleicht auch vitaminartige Spurenstoffe geschieht, welche die fütternden Ammen der Nahrung der Larven beimischen. Die zu Arbeiterinnen ausersehenen Larven bekommen in den ersten drei Tagen «Arbeiterinnenfuttersaft», der die Entwicklung zur Arbeiterin vorbestimmt. Während aus jedem Ei und noch aus ein- bis zweitägigen Arbeiterinnenlarven Königinnen herangezogen werden können, gelingt das aus dreitägigen Larven nicht mehr. In den zweiten drei Larventagen werden sie mit «Bienenfutter», das heißt mit einer Mischung aus Honig und Pollen, gefüttert, dem ein neuer Werkstoff beigemischt ist, damit sich die Larve nun endgültig zur Arbeiterin ausformt. Die Königinnenlarve bekommt während ihrer ganzen Larvenzeit «Königinnenfuttersaft», und zwar in so reichlicher Menge, daß nach der Verpuppung noch ein ziemlicher Rest übrigbleibt. Diesem Königinnenfuttersaft sind ebenfalls Wirkstoffe beigegeben, in den ersten drei Tagen für die Bestimmung zur Königin, in den zweiten drei Larventagen für ihre endgültige Ausbildung.

Obschon die *Bienenarbeiterin* kleiner ist als die Königin (1,5 Zentimeter lang) und ihre Eierstöcke bescheidenere Maße aufweisen, darf man sie nicht etwa als verkümmertes Weibchen bezeichnen. Es handelt sich vielmehr um eine Verteilung der mütterlichen Aufgaben auf zwei verschiedene und spezialisierte Weibchenformen. Während sich die Königin allein dem Eierlegen widmet, übernimmt die Arbeiterin alle anderen Mutterpflichten, das Bauen des Nestes, das Reinhalten des Stockes, das Eintragen des Futters, die Pflege der Brut. Der *Königin* fehlen die Organe und Instinkte, welche die Arbeiterin auszeichnen. Ihr Rüssel ist kürzer als derjenige der Arbeiterin und reicht weniger tief in die Honigzellen hinein. Sie frißt denn auch selten selber, sondern wird meistens von den Ammenbienen gefüttert. Wo die Königin über die Waben schreitet, da drehen sie sich ihr zu und füttern sie, sobald sie durch Ausstrecken ihres Rüssels darum bittet.

Die Königin ist, wie die Drohne, 2 Zentimeter lang, aber schlank und an ihrem langen Hinterleib kenntlich. Dieser ist von großen Eierstöcken angefüllt. Jeder *Eierstock* ist aus 160 bis 180 Eiröhren zusammengesetzt. In den oberen dünnen Enden der Eiröhren befindet sich das Keimmaterial, von dem sich fortlaufend Eizellen und Nährzellen loslösen und nach unten begeben. Auf ihrer Wanderung wachsen die Eizellen zu nährstoffreichen Eiern heran, die schließlich durch die Eileiter in die unpaare Scheide gleiten. Hier kann das Ei befruchtet werden, weil die Scheide durch den Samengang mit der Samenblase in Verbindung steht. Dieser Gang ist an seinem oberen Ende zu einer Saugpumpe verdickt, welche die Verbindung zwischen dem Samenreservoir und der Scheide entweder unterbrechen oder im Gegenteil Samen hinüberbefördern kann. Dadurch wird die Besamung der Eier reguliert. Woher die Anregung zum Schließen oder Öffnen dieser Samenpumpe kommt, wissen wir nicht. Man konnte lediglich

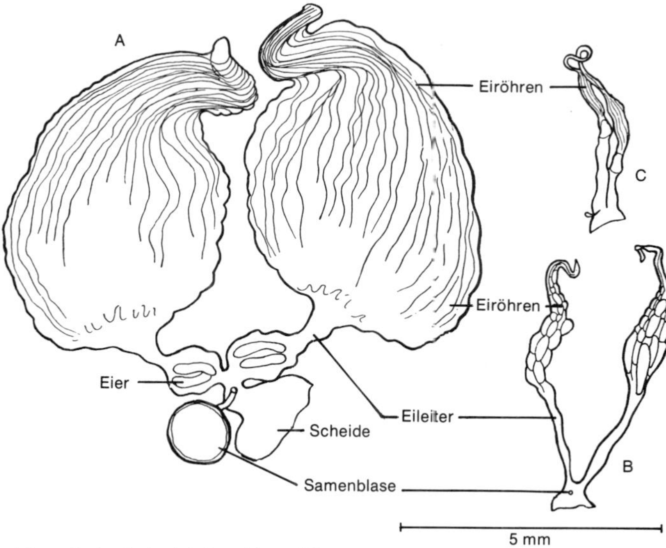

Eierstöcke bei gleicher Vergrößerung:
A der Bienenkönigin, B einer legenden Arbeiterin und
C einer Arbeiterin aus weiselrichtigem Volk

feststellen, daß Bienenwaben Zellen von zweierlei Größe haben und die Königin in der Regel in die Zellen mit dem größeren Durchmesser unbefruchtete Eier ablegt, in die kleineren Arbeiterinnenzellen dagegen besamte Eier.

Die Eierstöcke einer Königin sind so leistungsfähig, daß sie in der besten Legezeit etwa alle 40 Sekunden ein Ei bilden können, pro Tag also tausend bis zweitausend Eier. Der dabei geleistete Stoffumsatz übertrifft denjenigen der meisten anderen Tiere, die wir kennen. Ein Huhn müßte 20 Eier am Tag legen, um sich mit einer Bienenkönigin messen zu können. Der Organismus der Bienenkönigin ist deshalb so leistungsfähig, weil sich diese vollständig auf die Eierproduktion konzentriert und in Stoßzeiten nicht mehr selbst verdauen und

Stoffe umwandeln muß. Die Königin wird während dieser Zeit ausschließlich mit Futtersaft ernährt, welcher die nötigen Stoffe in der richtigen Zusammensetzung enthält und nicht verdaut zu werden braucht. Durch die Menge und Zusammensetzung des Futters, welches die Ammen der Königin verabfolgen, steuern die Bienen die Eierproduktion. Auch der Vergleich der Eierstöcke einer Bienenkönigin mit den Eierstökken zum Beispiel einer Wespenkönigin läßt die Königin der Bienen als eine Art Überweibchen erscheinen, weil die Eierstöcke der gemeinen Wespenkönigin bedeutend kleiner sind und denjenigen eierlegender Bienenarbeiterinnen in der Größe näher stehen.

Das Schwärmen

Da aus den meisten Eiern Arbeiterinnen entstehen, führt das Eierlegen der Königin in erster Linie zu einem Wachstum des Volkes. Alle Bienen eines Volkes sind einander Schwestern. Wenn sie ihre Zeit erfüllt haben, sterben sie, ohne Nachkommen zu hinterlassen. Damit eine neue Generation entsteht und sich das Volk in die Zukunft fortpflanzt, müssen neue Königinnen herangezogen werden. Das bedeutet Teilung des Volkes, denn mehrere Königinnen in einem Stock vertragen sich nicht. Die Vermehrung der Völker findet meistens im Mai statt. Auf diese Zeit hin bereiten die Bienen eine besondere Form von Zellen vor, die Weiselnäpfchen, in denen die Königinnenlarven herangezogen werden. Die fertigen *Weiselzellen* sind so lang, daß sie nicht in die Ordnung der übrigen Zellen hineinpassen, sondern als kleine, 25 Millimeter lange Zapfen heraushängen und oftmals überhaupt am Rand der Waben angesetzt werden. Die Bienen ziehen meistens gleichzeitig mehrere Königinnen heran, obschon nur eine, zwei oder höchstens drei davon gebraucht werden. Damit der Imker keine Überraschungen erlebt, wird er seine Völker in dieser Zeit wenn möglich einmal durchsehen, um sich ein Bild darüber zu machen, wo Königinnen heranwachsen. Für ihre Entwicklung vom Ei bis zum Ausschlüpfen braucht die Königin

16 Tage. Dann befreit sie sich aus ihrem Kerker, indem sie mit den Kiefern einen schönen, runden Deckel ablöst. Ihre Mutter, die bisherige Königin, hat aber schon ungefähr eine Woche vorher diesen Stock verlassen. An einem schönen Tage flog sie mit ziemlich genau der Hälfte des Volkes aus, um eine neue Familie zu gründen. Vor diesem Schwärmen stürzen sich die Bienen, alte und junge, zunächst auf die Honigvorräte, füllen ihre Honigblase mit Nahrung und verlassen in wilder Hast den Stock, indem sie wie ein Bach aus dem Flugloch hervorquellen und in großem Getümmel in der Luft herumkreisen, bis die Königin irgendwo absitzt. Dort sammelt sich der *Schwarm.*

Das Schwärmen der Bienen ist auch für die Menschen eine aufregende Sache, denn einen solchen Schwarm darf man nicht verlieren. Vor allem der erste Schwarm, der Vorschwarm, besitzt einen besonderen Wert, wenn er eine gutlegende Königin enthält. Die Königin wird im neuen Stock gleich weiterlegen und das junge Volk rasch auf die Höhe bringen. Schwärmende Bienen sind nicht stechlustig, sie bilden also für die Zuschauer eine geringe Gefahr. Weil die Königin des Vorschwarms ziemlich schwer ist, wird sie nicht allzuweit wegfliegen und sich bald an einem Ast oder sonstwo niederlassen. Die Bienen hängen sich an sie und bilden einen Klumpen, der allmählich nach unten in die Länge wächst. Das ist die Schwarmtraube. Schließlich sitzen fast alle Bienen in der Traube, und nur eine kleine Anzahl summt noch in der Nähe herum. Holt der Imker diesen Schwarm nicht ein, weil er ihn zum Beispiel nicht bemerkt hat, so bleiben die Bienen unter Umständen nur einen bis wenige Tage sitzen und fliegen dann fort in eine von ihren Spurbienen ausgekundschaftete Wohnung. Das kann eine Baumhöhle sein oder ein leeres Bienenhäuschen. Wie Lindauer in München neuerdings feststellte, gehen zu diesem Zweck viele Spurbienen auf die Suche. Diejenigen, welche eine geeignete Unterkunft für das junge Volk gefunden haben, geben diese mit genauer Ortsangabe dem Schwarm bekannt, indem sie sich der gleichen Zeichensprache bedienen, die wir im letzten Kapitel besprechen werden und die im

Stock dazu verwendet wird, um auf Trachtquellen aufmerksam zu machen. Es handelt sich um das Laufen von Figuren, um «Tänze», die um so intensiver getanzt werden, je geeigneter die Unterkunft erscheint – gleichsam als trügen die Bienen ein Idealbild der Bienenwohnung in sich und verglichen nun die gefundene Höhle oder das gefundene Häuschen damit. Die am kräftigsten tanzenden Bienen ziehen immer mehr Spurbienen auf ihre Seite, die den erhaltenen Angaben folgen, die betreffende Unterkunft in Augenschein nehmen und ihre Zustimmung dem Schwarm nun ihrerseits durch kräftiges Mittanzen verkünden. Wenn etwa hundert oder mehr Bienen für einen bestimmten Platz werben, so löst sich die Schwarmtraube auf und folgt als geschlossene Wolke den vorausfliegenden Spurbienen, die nach Lindauer dauernd zwischen der Schwarmspitze und dem großen Haufen hin- und hersausen.
Die Tatsache, daß ein Schwarm zum Suchen einer neuen Wohnung Spurbienen aussendet, diese sich einigen können und nun das Volk an einen bestimmten Platz hinführen, gehört mit zu den erstaunlichen Dingen des Bienenlebens. Ein solches ziehendes Volk fliegt mit größter Geschwindigkeit, was man vielleicht einmal in einem dem Schwärmen günstigen Jahr zu beobachten Gelegenheit hat. Da taucht der Schwarm plötzlich als kleine Wolke über den Bäumen auf und ist im nächsten Augenblick schon auf der anderen Seite verschwunden. Es kommt aber auch vor, daß namentlich kleinere Schwärme, die nicht eingeholt werden, einfach als Schwarm hängenbleiben, wo sie sind, und frei im Baum zu bauen be-

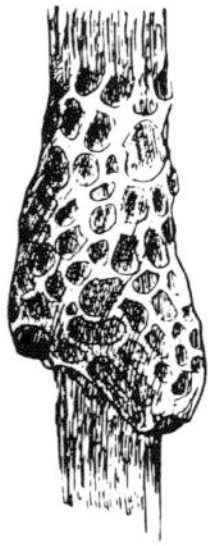

Zwei auf einem Wabenrähmchen sitzende Weiselzellen.

ginnen, bis ein Regen oder Sturm das ungeschützte Werk auf den Boden wirft und die Bienen verderben läßt.
Für gewöhnlich holt der Imker seinen Schwarm aber noch am selben Tag ein, indem er eine Kiste unter ihn stellt und mit einem kurzen, kräftigen Schlag auf den Ast den Schwarm in das Gefäß schlägt. Sitzt der Schwarm ungünstiger, zum Beispiel in kleinerem Geäst, so muß er die Bienen sehr vorsichtig in die Kiste bürsten, damit die Königin nicht wieder auffliegt. Befindet sich die Königin einmal in der Kiste, lassen sich auch die bei der vorangegangenen Prozedur aufgescheuchten Bienen wieder herbei und gesellen sich zum Schwarm. Die Kiste kommt für zwei bis drei Tage in den Keller, während der Zeit nämlich, da noch die Gefahr besteht, daß die Bienen fortfliegen. Ist der Instinkt zum Abziehen schließlich erloschen, kann der Schwarm einlogiert, das heißt in den für ihn bestimmten Kasten gebracht werden. Um das Volk zu halten, gibt ihm der Imker einige Waben zum Ausbauen. Meistens machen sich die Bienen sogleich ans Bauen, und die Königin setzt ihre unterbrochene Legetätigkeit fort.
Im alten Stock schlüpft nun die junge Königin. Es kann vorkommen, daß auch diese Königin mit der Hälfte der verbliebenen Bienen auszieht, wenn das alte Volk sehr groß war oder andere unbekannte Gründe vorliegen. Daß der Nachschwarm weniger Wert besitzt als der Vorschwarm, leuchtet ein. Er ist ja nur halb so schwer wie der erste und weist zudem eine noch unbegattete Königin auf. Bleibt diese aber in dem Volk, in dem sie geschlüpft ist, so tötet sie nun zunächst die nachrückenden Königinnen. In dieser Zeit hört man sie «singen», das heißt, sie gibt ziemlich laute, auch außerhalb des Bienenstockes vernehmbare Töne von sich, die sich wie ein hohes Tü – Tü – Tü anhören. Der Ton soll durch Vibration der Brustmuskulatur gebildet werden. Auf dieses «Tüten» antworten die noch ungeschlüpften Königinnen mit «Quaken», das heißt mit einem dumpferen Ton, aus ihren geschlossenen Zellen heraus. Die frischgeschlüpfte Königin geht zu diesen Zellen hin, beißt sie auf und sticht ihre Rivalinnen tot. Hat aber das Bienenvolk die Absicht, noch einmal zu schwärmen, so beschützt es die ungeschlüpften Königinnen in ihren Zellen,

und das «Singen» ist noch lange zu hören. Die Bienen nehmen dieses «Singen» jedoch nur indirekt wahr, da sie keine Gehörorgane besitzen.

Der Hochzeitsflug

Sei nun die junge Königin ausgeschwärmt oder in ihrem Mutterstock geblieben, zuerst muß sie begattet werden, bevor sie mit der Eierlegetätigkeit beginnen kann. Dazu begibt sie sich auf den Hochzeitsflug. Am nächsten schönen Tag, nachdem sie ihre Brutwiege verlassen hat, fliegt sie allein aus dem Stock. Der Imker kann etwa abschätzen, wann der Zeitpunkt für diesen wichtigen Flug gekommen ist. Hat er gerade Zeit, wird er das Flugloch beobachten. Vielleicht sieht er dann tatsächlich die Königin erscheinen und bald vom Flugbrett auffliegen. Zuerst orientiert sich die Königin durch einen kleinen Rundflug vor dem Eingang ihres Stockes, um sich die Stelle einzuprägen und sie bei ihrer Rückkunft wiederzufinden. Dann entfernt sie sich, und der Imker wartet ängstlich auf sie; denn sie könnte sich ja verirren und in einem fremden Stock abgestochen werden, sie könnte unterwegs von einem Vogel oder einer Libelle verspeist werden, oder sie könnte überhaupt den Rückweg nicht mehr finden und irgendwo im Gras umkommen. Da während der Zeit des Schwärmens in allen Völkern Drohnen vorhanden sind, tummeln sich diese zu Hunderten in der Luft. Mit ihren gutausgebildeten Sinnen werden die Drohnen sofort auf die Königin aufmerksam und jagen hinter ihr her.
Schon öfters ist eine Königin an der Spitze einer solchen Drohnenschar beobachtet worden, der Begattungsverlauf dagegen konnte noch nie genau verfolgt und beschrieben werden. Aus dem Bau des männlichen Geschlechtsapparates kann man aber schließen, daß bei der Vereinigung ein Teil dieses Apparates nach außen gestülpt und samt der darin enthaltenen Samenmasse in die Scheide der Königin geschnellt wird. Bei diesem Vorgang stirbt die Drohne. Die Königin aber kehrt zum Stock zurück, und der wachhabende

Imker erkennt meistens am «Begattungszeichen», an einem aus ihrem Hinterleib herausragenden weißen Spitzchen, daß sie befruchtet ist. Das weiße Spitzchen gehört wahrscheinlich zum Schleimpfropf, der von der Drohne stammt und die Geschlechtswege der Königin nach außen verschließt. Die Millionen von Samenfäden befinden sich nun in Scheide und Eileiter der Königin und wandern erst nach und nach in die Samenblase hinüber, in jenen Raum, der eigens zur Aufnahme der Samenfäden bestimmt ist und diese durch Absonderung einer Drüsenflüssigkeit ernährt. Die Arbeiterinnen entfernen dann das Begattungszeichen aus dem Körper der Königin. Der Samenvorrat reicht drei bis vier Jahre lang für die Befruchtung der Eier aus, die während dieser Zeit in den Eierstöcken der Königin heranwachsen und bei der Ablage an der Mündung der Samenblase vorbeigleiten. Eine Bienenkönigin wird im allgemeinen in ihrem Leben nur einmal begattet.
Wie bei anderen Haustieren, hat der Mensch auch bei den Bienen den Wunsch, die Paarung zu überwachen, was aber hier nicht so einfach ist. Die Bienenzüchtervereine pflegen sich an abgelegenen Orten, zum Beispiel auf einer Waldwiese, Belegstationen einzurichten, welche so weit von anderen Bienenvölkern entfernt sind, daß man annehmen kann, über dieser Station tummelten sich keine fremden Drohnen. Die Belegstation selber beherbergt ein rassereines Bienenvolk

Bienenkönigin.

Aus dem Stock geworfene Drohne.

jener Bienenart, die man fortzupflanzen wünscht. Die Imker können nun gegen Entgelt mitgebrachte Königinnen befruchten lassen, indem sie sie mit einigen hundert Bienen zusammen in speziellen Befruchtungskästen unterbringen und das so gebildete Miniaturvölkchen auf der betreffenden Wiese aufstellen. So kann die Belegung gelenkt werden. Noch sicherer ist die künstliche Besamung, die unter dem Mikroskop durchgeführt wird und vor allem in Amerika Anwendung findet.

Wenn die Fortpflanzungszeit einmal vorbei ist, etwa im Juli oder August, entledigen sich die Bienen nach und nach der jetzt überflüssig gewordenen Drohnen. Diese werden nicht mehr gefüttert, und weil sie nicht selber zu fressen vermögen, ermatten sie immer mehr und werden von den Arbeiterinnen aus dem Stock gestoßen. Diese Erscheinung bezeichnet man als «Drohnenschlacht».

Im Körper der Königin regt die Begattung die Entwicklung der Eier an. Der Eierstock schwillt und mit ihm der Hinterleib der Königin, was anzeigt, daß nun etwa zwei bis vier Tage nach dem Hochzeitsflug die Eiablage beginnt. Die Intensität des Eierlegens richtet sich sowohl nach der Jahreszeit als auch nach der Größe des Volkes und nach dem vorhandenen Futter. Im zeitigen Frühling ist sie am größten; dann wächst das Volk. Im Verlauf des Sommers nimmt sie ab, und im August bis September setzt sie nochmals etwas ein. In dieser Zeit werden die Winterbienen herangezogen.

Das Eierlegen der Königin ist eine feierliche Angelegenheit. Majestätisch schreitet sie von Zelle zu Zelle, steckt zuerst ihren Kopf in sie hinein, kehrt sich dann um, senkt den Hinterleib in die Zelle und legt das Ei. Dann geht sie zur nächsten Zelle und wiederholt den Vorgang. Die Zellen werden in bestimmter Reihenfolge mit Eiern belegt, indem die Königin in der Mitte der Wabe beginnt und sich spiralförmig nach außen bewegt. Dadurch wächst das Brutnest von innen nach außen, zuerst als Scheibe, auf der innersten Wabe. Nun setzt die Königin ihre Tätigkeit auf der anstoßenden Wabe fort. Das Brutnest als Ganzes wird dadurch mehr oder weniger kugelig, die günstigste Form für die Wärmeökonomie. Die Bienen be-

brüten die Brut, wie bereits erwähnt, durch eine Temperaturerzeugung von 35 Grad Celsius.
Da die Königin die Wabe von innen nach außen mit Eiern belegt, befindet sich vorerst in der Mitte des Brutnestes die älteste Brut. Nach dem Schlüpfen der innersten Bienen besucht die Königin das Zentrum von neuem, und eine nächste Generation, die die erste ablöst, wächst wieder von innen nach außen heran. Über der Brutscheibe befinden sich auf der gleichen Wabe noch Vorräte an Blütenstaub und darüber von Honig, so daß die fütternden Ammen und ausschlüpfenden Jungbienen die Nahrung in der Nähe haben.

Die Entwicklung der Biene

Wegen der konstanten Bruttemperatur geht die Entwicklung der Bienenkinder rasch und wie bei Warmblütern in feststehenden Zeiten vor sich. Das Bienenei steht anfänglich in der Zelle. Es ist länglich und hat etwa die Größe eines Kümmelkornes. Gegen Ende des dritten Tages legt es sich um, und die Larve schlüpft aus. Sie ist eine 1,5 mm lange Made, ähnlich wie die Fliegenmade, das heißt, sie hat keinen abgesetzten Kopf und keine Beine. Der Darm nimmt in ihr vorläufig einen verhältnismäßig großen Raum ein, denn das Fressen steht im Larvenleben an erster Stelle. Sie frißt schon während des Ausschlüpfens und bekommt von den Ammenbienen so viel Futtersaft, daß sie anfänglich fast darin schwimmt. Da der Darm noch nicht durchgehend ist, sammeln sich die Exkremente in ihm an und verunreinigen die Nahrung nicht. Er wird erst zu Beginn der Verpuppung entleert. Dauernd wird die Larve von Stockbienen besucht, oft nur kurz zur Inspektion oder aber länger, wenn sie gefüttert wird. Während ihrer 5½tägigen Larvenzeit empfängt die junge Biene mehr als zehntausend Besuche von Ammen. Die gute Pflege schlägt an. Die Larve wächst rasch, häutet sich etwa alle 24 Stunden und legt sich, wenn sie nun größer ist, halbmondförmig und später ringförmig auf den Grund der Zelle.

Nach den ersten drei Tagen wechselt die Nahrungsfolge. Die Larve wird nun knapper gehalten und mit dem gewöhnlichen Bienenfutter versorgt, einer Mischung von Blütenstaub und Honig, dem aber, wie schon erwähnt, ein steuernder Wirkstoff beigegeben ist. Nach der kurzen Zeit von 5½ Tagen füllt die Larve die Zelle ganz aus. Sie ist jetzt über 500mal so schwer wie bei ihrem Ausschlüpfen aus dem Ei. Ihr Inneres ist mit Fettgewebe angefüllt. Am Ende des sechsten Tages, das heißt am neunten Tag nach der Eiablage, beginnt ihre Verpuppung. Nun spinnt die Larve ein feines Gespinst (das «Puppenhemd»), als ob sie sich einen Kokon verfertigen müßte. Von außen aber schließen die Bienen die betreffende Zelle meistens schon am Ende des achten Tages durch einen luftdurchlässigen Wachsdeckel ab, so daß alles Weitere unter Verschluß vor sich geht und man Zellen öffnen muß, um die Verwandlung der Larve zur Biene zu verfolgen. Am zehnten Tag streckt sich die Larve und steht nun aufrecht in der Zelle; sie häutet sich jetzt zum fünftenmal. Nach und nach zeichnet sich an der gestreckten Made die Dreiteilung des fertigen Insektenkörpers ab. Nun treten auch die Einfaltungen zwischen den einzelnen Körperringen auf, die Gliedmaßen und die Anhänge am Kopf wachsen heraus, und nur die Flügel befinden sich noch in den kleinen Flügeltaschen. Schließlich wirft die Puppe die Puppenhaut ab, und wir haben die Biene in allen Einzelheiten vor uns. Die Umformung des Körperinneren hält mit dem Äußeren Schritt. Ein Teil der Larvenorgane wird sogar aufgelöst und von Grund auf erneuert. Diesem Umbau dienen die Fettvorräte. Einige Tage vor dem Schlüpfen beginnt die Haut zu dunkeln, zuerst die Augen, welche ja ganz schwarz werden, und dann bräunt sich der ganze Körper. Wenn die Biene am 21. Tag nach der Eiablage die Zelle verläßt, ist sie noch verhältnismäßig hell, das Chitin noch weich und der Körper stark behaart. An diesen Merkmalen erkennt man die junge Biene. Später wird der Panzer härter, kahler, dunkler und glänzender.

Die Stockbienen

Die junge Biene befreit sich selber aus ihrem Verlies, beißt aber den Wachsdeckel nicht so ordentlich auf wie die Königin, sondern zerkrümelt ihn mit ihren Kiefern. Noch ehe sie völlig ausgeschlüpft ist, streckt sie schon den Rüssel aus und wird gefüttert. Sie hat Hunger, denn ihr Darm ist leer. Das Fressen ist am Anfang dieses neuen Lebens wieder wichtig, denn innerhalb einer Woche werden die neugeschlüpften Bienen selbst schon Ammen sein und die «Bienenmilch», das heißt den Futtersaft, abzusondern haben. Bis dahin müssen die Futtersaftdrüsen voll ausgebildet sein. Der Futtersaft ist reich an Fett und Eiweiß. Deshalb ist der nährstoffreiche Pollen (das Bienenbrot) die Hauptnahrung der jungen Bienen. Bald finden diese selber die Vorräte im oberen Teil der Brutwabe und fressen davon. Daneben widmen sie sich dem Zellenputzen. Sie nagen die Reste der Wachsdeckel ab, entfernen Schmutzteilchen aus der Zelle und überziehen die in der Zelle verbleibenden alten Puppenhäute mit Speichel.
Derart verbringen die Bienen einen bedeutenden Teil ihres Lebens mit Reinigungsarbeiten. Kaum daß sie sich aus der Zelle befreit haben und getrocknet sind, beginnen sie damit, sich selbst zu bürsten, und wenden sich dann den frisch verlassenen Zellen zu. Dadurch, daß jede Biene mehrere Zellen bearbeitet, wird auch jede Zelle mehrere Male hintereinander gereinigt.
Etwa am dritten Tag nach dem Ausschlüpfen nimmt sich die Biene der älteren der drei- und mehrtägigen Larven an und füttert diese mit der gleichen Nahrung, die sie selber frißt: mit Blütenstaub und Honig. Der Bereich, in dem sich jedes neue Glied des Volkes bewegt, erweitert sich – ganz im Sinne Pestalozzis – immer mehr. Die erste Zeit hält sich die Biene auf jener Wabe auf, in welcher ihre Brutwiege stand, geht dann auf eine nächste Wabe über, bis sie schließlich im ganzen Stock ihre Pflicht erfüllt. Zuletzt verläßt sie den Bienenstock, um am Sammeln teilzunehmen. Wie aber kennt jede Biene ihre Pflicht in dem Gewimmel von Zehntausenden von Genossen? Der Stock vermehrt sich ja täglich um etwa zweitausend

neuschlüpfende Bienen; und doch herrscht in dem großen Betrieb zweifellos eine gute Ordnung, und die verschiedenen Funktionen greifen reibungslos ineinander. Es kommt nicht vor, daß Sonne und gutes Wetter alle Bienen ins Freie locken und die Brut im Stock zugrunde geht. Alles ist bis ins einzelne geregelt und vernünftig, als wäre Überlegung am Werk. Dem Menschen fällt es allerdings schwer, sich eine Vernunft vorzustellen, welche nicht an ein Bewußtsein und nicht an eine Persönlichkeit gebunden ist. Daß es dies tatsächlich gibt und daß das menschliche Gehirn nicht der einzige Ort ist, in welchem Verstand arbeitet, dafür sind die Bienen ein Beispiel. Sie sind zwar Instinktwesen, aber keine starren Apparate.

Instinkt nennt man ein angeborenes Können, welches nicht gelernt zu werden braucht. Soweit wir wissen, handelt es sich dabei um ein Schema, welches bei allen Individuen einer Art mehr oder weniger gleich abläuft. Man findet aber neuerdings immer mehr Instinkte, die anpassungsfähig sind. Gerade die Instinkte der Biene bieten uns Beispiele für die Anpassungsfähigkeit. Wie jede größere Organisation, so ist auch das Bienenvolk auf dem Prinzip der Arbeitsteilung aufgebaut. Dies wurde anhand spezieller Versuchskästen festgestellt, bei denen die Waben so angeordnet sind, daß sie sich nicht gegenseitig überdecken wie in einem gewöhnlichen Bienenstock, sondern nebeneinander liegen und in ihrer ganzen Fläche beobachtet werden können. Die Bienen teilen sich in die Arbeit, indem verschiedene Altersstufen verschiedenen Aufgaben entsprechen und somit jede Biene die einzelnen Pflichtstadien einmal durchläuft. Bei dieser Arbeitseinteilung treten auch Unregelmäßigkeiten auf, dann nämlich, wenn nicht alle Bienen für bestimmte Arbeiten (Wabenbau, Wächterdienst) benötigt werden. Der augenblickliche Bedarf ist mitentscheidend für die einzelnen Tätigkeiten der Bienen. Grundsätzlich arbeitet jede Biene zuerst im Inneren des Stockes, bevor sie als Sammlerin tätig wird. Wenn man in einigen Beobachtungsstöcken täglich die frisch geschlüpften Bienen mit Farbflecken bezeichnet, so daß schließlich der größere Teil des Volkes das Datum seiner Geburt auf dem Rücken trägt, so ist mit Leichtigkeit die jeder Altersgruppe zugewiesene Arbeit zu erkennen. Das Bienenvolk stellt also den sozialsten Staat dar, den man sich denken kann. Da jedes Volksglied jeden Beruf einmal ausführen darf, hat keines Grund, auf das andere eifersüchtig zu sein. Leider ist ein derart häufiger Wechsel der Arbeit nur bei Instinktwesen möglich, bei denen weder Ausbildung noch Übung nötig sind, sondern wo im gegebenen Augenblick das notwendige Rüstzeug und Können zur Verfügung stehen.

Nachdem die junge Biene sich in den ersten drei Tagen dem Zellenputzen und ungefähr bis zum sechsten Tage der Fütterung der älteren Larven gewidmet hat, geht sie nun zum Füttern der jüngeren Larven über. Sie arbeitet dann als Amme, da die großen, im Kopf liegenden Futtersaftdrüsen in dieser Zeit reichlich Nahrung absondern. Es sind auch die Bienen dieses Alters, die während der Zeit der starken Eierproduktion die Königin füttern. Nach der Zeit der Ammentätigkeit bewegen sich die Bienen noch weiter im Stock umher, ja von dieser Zeit an machen sie schon die ersten kleinen Flüge, reine Orientierungsflüge, bei denen sie sich nur wenig vom Stock entfernen und immer mit dem Kopf gegen das Flugloch gerichtet bleiben. Dabei merkt sich die Biene den Ort ihres Heimes. Zuerst prägt sie sich wohl die Lage des Flugloches ein, dann Form und Umgebung des ganzen Bienenhauses. An schönen Tagen entwickelt sich vor den Bienenstöcken ein großes Getümmel, das «Vorspiel», welches der Imker mit Wohlgefallen betrachtet, weil ein starkes Vorspiel ein großes Sammlerinnenheer für die nahe Zukunft ankündigt. Die Sammelbienen selber fallen bei ihrer Tätigkeit viel weniger ins Auge, da sie das Flugbrett in geradem Flug verlassen und in gerader Linie wieder darauf landen.

Bei den ersten Untersuchungen begann die Sammeltätigkeit 21 Tage nach dem Schlüpfen der Biene. Es ergab sich später, daß die Bienen bei Bedürfnis auch viel früher ausfliegen können. Vorher beteiligen sie sich nochmals am Reinemachen. Sie tragen nun gröbere Schmutzteilchen aus dem Stock hinaus und lassen sie in einiger Entfernung von diesem fallen. Die gleichen Bienen laufen auch den Sammlerinnen bis unter das Flugloch entgegen und nehmen ihnen den Nektar ab, um ihn unter ihresgleichen weiterzuverteilen, zu verarbeiten und schließlich in den Honigzellen zu deponieren. Ebenso nehmen sie sich des eingetragenen Pollens an. Die Sammlerinnen bringen den Pollen allerdings selber bis zu den Vorratszellen, denn die Höschen lassen sich nicht von Biene zu Biene weitergeben. Die Stockbienen begeben sich aber zu den Zellen, welche frisch hineingeworfene Höschen enthalten, und beginnen sie mit den Kiefern zu zerpflücken und zerdrükken und den Blütenstaub so stark wie möglich in die Zelle hineinzupressen. Durch dieses Pollenstampfen kann ein möglichst großer Pollenvorrat auf möglichst kleinen Raum gedrängt werden. Wenn die Zelle voll ist, wird sie zur besseren Konservierung noch mit etwas reifem Honig überdeckt. Niemand wird daran zweifeln, daß die Biene die Kunst des Einmachens fachmännisch versteht. Der Mensch glaubt, er selber habe die Konservierung von Lebensmitteln erfunden, aber wie wir sehen, gehört der Biene die Priorität.

Das Verdeckeln der Honigvorräte wie auch das Verdeckeln der Brut, wenn sie zur Verwandlung bereit ist, besorgen die Bienen dieses gleichen Alters. Sie nehmen dazu meistens Wachs von den Zellwänden, was man daran erkennt, daß die Deckel eine ähnliche Farbe haben wie die betreffende Wabe. Sofern es nötig ist, bauen sie auch Waben, denn im Alter von etwa 12 bis 18 Tagen sind die Wachsdrüsen funktionstüchtig. Der Bautrieb eines Bienenvolkes erwacht im Frühjahr und vor allem beim Schwarm. Wenn ein verwilderter Schwarm eine Naturhöhle bezieht oder wenn er sogar frei in einem Baum zu

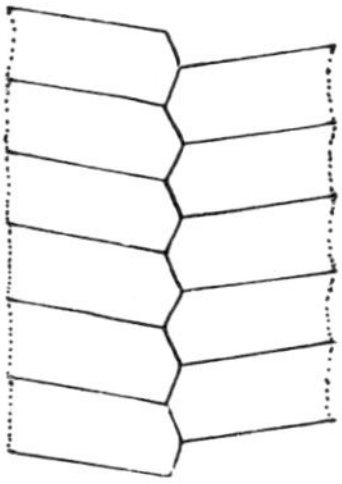

Schnitt durch eine Bienenwabe, die Anordnung der beidseitigen Zellen zeigend.

bauen beginnt, so muß er von Grund auf neue Waben herstellen. Diese reinen Naturwaben sind weiß Beim Bauen beginnen die Bienen meistens mit einigen Waben zugleich und legen diese streng parallel zueinander an. Wie bestimmen nun die Bienen diese exakte Ausrichtung der Waben? Wie halten Tausende von Bienen eine gemeinsame Baurichtung ein? Diese Fragen können noch nicht vollständig beantwortet werden. Erst in neuerer Zeit konnte Prof. Dr. Lindauer nachweisen, daß dabei die Fähigkeit der Bienen, das Erdmagnetfeld wahrnehmen und sich daran orientieren zu können, eine wesentliche Rolle spielt. Der Bau der Waben erfolgt von oben nach unten. Die Bienen setzen dabei Zelle an Zelle, und zwar so, daß sie immer ein Drittel des Zellbodens und die zwei daran anstoßenden Wände gleichzeitig ausführen. Auf diese Weise wird also die einzelne Zelle in drei Etappen beendet. Aneinanderstoßende Zellen haben je eine Zellwand gemeinsam. Auch der Zellboden gehört immer zwei Zellen gemeinsam an, da ja die Waben auf beiden Seiten Zellen tragen. Diese stehen fast horizontal, nur wenig nach oben gerichtet, von der mittleren Wand ab und wechseln so miteinander, daß dort, wo auf der einen Seite die tiefste Stelle des Zellbodens liegt, auf der anderen Seite drei Zellwände entspringen. Daher beträgt die Gesamtdicke der Wabe doch nur 22 Millimeter, obschon die Zellen eine Tiefe von je 12 Millimeter aufweisen.
Der Grundriß der Bienenzellen ist sechseckig. Die Zellen sind dadurch sowohl dem runden Hinterleib der eierlegenden Königin als auch der runden Form der Bienenlarven gut angepaßt. Daß sechseckige Zellen auch den zur Verfügung stehenden Raum am besten ausnützen, kann man durch Vergleich mit quadratischen und runden Zellen leicht feststellen. Bei quadratischen Zellen entstehen tote Ecken in ihnen, bei runden zwischen ihnen. Übrigens verwandeln sich runde Zellen in Sechsecke, wenn sie aneinandergestoßen werden und die sechs Berührungsflächen sich gegenseitig geradedrücken. Wir kennen dies auch bei den Pflanzenzellen, welche aber viel unregelmäßiger sind als diejenigen der Bienen.
Die Bienenzellen zeigen zweierlei Maße: die kleinen, normalen Zellen dienen der Aufzucht der Arbeiterbrut und dem

Speichern der Vorräte, die größeren Drohnenzellen der Aufzucht der Drohnenbrut. Die normale Zelle mißt von einem Rand zum andern 5,1 Millimeter und die Drohnenzelle 6,6 Millimeter. Es gehen somit rund vier Drohnenzellen auf fünf Arbeiterinnenzellen. Da der Imker die Anwesenheit vieler Drohnen im Volk nicht schätzt (denn sie sammeln nichts, fressen aber doch), versucht er den Bau von Drohnenzellen einzuschränken. Auch sonst muß der Imker das Wabenbauen zu beeinflussen suchen, denn die Bienen sollen in bewegliche, vom Imker gelieferte Holzrähmchen hineinbauen und nicht unmittelbar in den Bienenkasten. Das erreicht er dadurch, daß er die Holzrähmchen in der natürlichen Wabendistanz einhängt und sie mit einer Art «Lehre» versieht, das heißt mit einer Mittelwand, die aus Bienenwachs hergestellt und so gepreßt ist, daß sich darauf schon der Anfang der Arbeiterinnenzellen abzeichnet. Die Bienen bauen nun im allgemeinen die Zellen so aus, wie sie begonnen sind, doch läßt sich auf diese Weise der Bau von Drohnenzellen nicht vollständig unterdrücken. Es kann sein, daß die Arbeiterinnen sogar normale Zellen einreißen, um ihren Trieb nach Drohnenzellen zu befriedigen. Neue Waben sind hell, meistens von der Mittelwand her gelb. Im Gebrauch werden sie von Larvenhäuten und Exkrementen immer dunkler. Sie können aber jahrelang benutzt werden. Schließlich schaltet der Imker die alten Waben aus und hängt im Frühjahr, wenn die Baulust der Bienen am größten ist, neue Mittelwände in den Stock. Für 1 Kilogramm zum Bauen verwendeten Wachses verzehren die Bienen etwa 12 Kilogramm Honig.
Bevor die Bienen zum Sammeln ausfliegen, nehmen sie am Wächteramt teil. Das Bienenvolk hat viele Feinde, wie etwa die Wachsmotte, deren Larven vom Wachs leben, und dann die vielen Honigdiebe. Es können Hornissen und Wespen sein, häufiger handelt es sich aber um Bienen anderer Völker. Diese versuchen, vom Honiggeruch angezogen, auf mühelosem Wege zu Honig zu kommen. Gelingt es einer räuberischen Biene einmal in einen fremden Stock einzudringen und sich mit beladener Honigblase davonzumachen, so kommt sie immer wieder und bringt ihre Volksgenossen mit. Vermögen

nun auch diese unbehelligt einzudringen, so nimmt die Räuberei bald immer größere Ausmaße an. Die Bienen wälzen sich kämpfend auf dem Flugbrett, ja hängen oft in kleinen Klumpen daran. Dabei versuchen die Wächter den Feind beißend und auch stechend über den Rand des Anflugbrettes zu drängen und zu vertreiben. Der Imker kann dem überfallenen Volk helfen, indem er das Flugloch so stark verengt, daß die Bienen nur noch einzeln aus- und eintreten können. So läßt es sich leichter verteidigen. Sonst kann es geschehen, daß ein Volk vollständig ausgeplündert wird und die eigenen Bienen gleich mitplündern und zu den Räubern übersiedeln. Bei einem starken und gesunden Volk sollte aber Räuberei nicht auftreten, weil genügend Wächterbienen vorhanden sind. Diese stehen innerhalb und außerhalb des Flugloches herum mit nicht vollkommen geschlossenen Flügeln, dauernd sprungbereit, um sich auf einen Eindringling zu stürzen. Freund und Feind werden am Geruch unterschieden. Man denke aber nicht, daß keine fremden Bienen eingelassen werden. Die Drohnen genießen ohnehin Freizügigkeit und die Arbeitsbienen dann, wenn sie etwas mitbringen. Während fremde Bienen mit leerer Honigblase immer abgewiesen werden, dürfen diejenigen mit vollem Beutel eintreten. Das sind Bienen, welche sich verflogen haben, was bei Bienenständen, deren Einzelbauten nicht durch Farben deutlich voneinander unterschieden sind, nicht selten geschieht.

Die Sammlerinnen

Die Sammeltätigkeit ist, wie schon gesagt, der letzte Beruf der Bienen. Von jetzt an bleiben sie dieser Aufgabe bis zum Ende ihres Lebens treu, was nach der Berechnung eines Forschers im Durchschnitt noch etwa vier bis fünf Wochen dauert. Nicht wenige Bienen fallen den Gefahren der Außenwelt zum Opfer. Sie werden vom Wind auf einen See geblasen und ertrinken dort, sie werden vom Platzregen in die Gosse geschwemmt, oder sie werden von Tieren gefressen. Winterbie-

nen leben übrigens bedeutend länger als Sommerbienen. Sie überbrücken die brutfreie Zeit vom September bis in den März und ziehen die erste Frühjahrsgeneration heran.
Wie ökonomisch das Lebensprogramm der Biene aufgebaut ist, erkennt man vor allem daran, daß diese die gefahrvolle Sammeltätigkeit *am Ende* ihres Lebens ausführt und dadurch nicht, sollte sie dabei umkommen, auch noch für die anderen Arbeiten ausfällt. Erst wenn alle Stockarbeit getan ist, wird die Biene dem größeren Risiko ausgesetzt. Das Programm ist zwar eingeboren, aber doch nicht vollständig festgelegt, etwa wie das Musikstück auf dem Tonband, das, in Gang gesetzt, einfach abläuft; vielmehr ist das Programm der Biene bei ungewöhnlichen Verhältnissen anpassungsfähig. Das plastische Verhalten des Instinktes konnte durch eine ausgeklügelte Versuchsanordnung nachgewiesen werden.
Zwei gleiche Bienenkästen, von denen aber nur der eine ein Volk enthielt, wurden mit dem Rücken gegeneinander aufgestellt. Als das betreffende Volk gut eingeflogen war, das heißt alle seine Sammelbienen die Lage des Flugloches gut kannten, wechselte man die beiden Kasten miteinander aus und hängte in den leeren Kasten einige Bienenwaben mit junger Brut aus dem bewohnten andern Kasten. Infolgedessen flogen die Sammlerinnen nun in den Stock ein, dessen Flugloch da lag, wo sie es gewohnt waren, und der nur die paar Brutwaben enthielt. Dadurch wurde das Volk in kurzer Zeit in zwei Völker getrennt, von denen das eine im zweiten Kasten neben der Brut nur Sammlerinnen, das andere im ersten Kasten aber nur noch Jungbienen aufwies. Diese unnatürlich zusammengesetzten Völker konnten jedoch beide, wenigstens nach einiger Zeit, alle notwendigen Arbeiten ausführen, indem Bienen einer anderen Altersstufe in die entstandenen Lücken einsprangen. Im Volk der Jungbienen ging eine Anzahl von Stockbienen in einem zu jungen Alter zum Sammeln über, und – was erstaunlicher ist – im Volk der Altbienen entstanden wieder Ammen. Allerdings trat dieser Erfolg erst nach einigen Tagen ein, nachdem der Versuch beinahe als mißglückt aufgegeben worden wäre. Denn zunächst sammelten die Sammlerinnen weiter und kümmerten sich nicht um die

hungernde Brut. Dann aber begannen einzelne zu füttern, auch mit Futtersaft, und durch das Öffnen von toten Bienenkörpern konnte nachgewiesen werden, daß bei diesen alten Bienen tatsächlich die Futtersaftdrüsen erneut in Funktion getreten waren.
Der Instinkt der Bienen ist also nicht «blind». Auf welche Weise er aber «sieht», wie die Anpassung im einzelnen zustande kommt, wissen wir nicht. So liegt vieles noch im dunkeln, was die Regulation im Bienenvolk betrifft. Die Königin ist so sehr Werkzeug wie die Arbeiterinnen. Ihre Eierproduktion hängt mit der Nahrungsmenge zusammen, die sie erhält. Die Art der Eier wiederum hängt gewöhnlich von den Zellen ab, die die Arbeiterinnen gebaut haben; die Königin legt in der Regel in die größeren Drohnenzellen unbefruchtete Eier, in die kleineren Arbeiterinnenzellen aber befruchtete Eier. Es scheint somit, daß eigentlich eher die Arbeiterinnen das Zepter führen, doch kann man auch ihnen keine Vernunft und Einsicht zubilligen. Wo kommt die «Willensbildung» aber zustande? Hier versagt die Forschung, und man kann nur daran erinnern, daß in jedem Organismus, auch im menschlichen Körper, die kompliziertesten Regulationen ohne Bewußtsein geschehen.
Die Sammlerinnen holen dreierlei ein, entweder Wasser, Blütenstaub oder Nektar. In ganz geringer Menge bringen die Bienen auch Pflanzenharze, die sie zum Beispiel von Blattknospen abklauben, in den Stock. Sie brauchen es, um Spalten im Holz zu verschließen oder um große Schmutzteile, die sie nicht wegtragen können, einzubetten. Das Wasser sammeln die Bienen am Rand von Brunnen an untiefen, sumpfigen Bächlein, wo man sie dann, besonders bei starker Brutentwicklung und bei heißem Wetter, an geeigneten Stellen in Scharen nebeneinanderstehen und trinken sieht. Die Ammen zeigen ein starkes Wasserbedürfnis, und solange es im Frühjahr noch keinen Nektar gibt, tragen die Bienen auch Wasser ein, um die Wintervorräte für den Gebrauch zu verdünnen. Im Sommer wird Wasser eingebracht, um es im Stock verdunsten zu lassen und dadurch die Temperatur zu senken; denn das Abkühlen gehört auch zur Konstanthaltung der Temperatur.

Daß die Bienen die Temperatur tatsächlich auch nach unten regulieren, hat man bewiesen, indem man an einem sehr heißen Sonnentag durch Unterlegen eines Heizteppichs unter das Bienenvolk die Temperatur im Stock auf 50 °C steigerte. Die elektrischen Meßstellen innerhalb des Brutnestes zeigten dagegen niemals über 36 Grad, was die Leistung der Bienen veranschaulicht. Nicht selten wird an einem Tag für zwei und mehr Tage Wasser eingeholt und dann im Stock gespeichert, jedoch nicht in den Zellen, wie man annehmen könnte, sondern in der Honigblase der Bienen. Man wies nach, daß sogar besondere «Wasserreservoirbienen» müßig in der Nähe des Brutnestes herumstehen und bald von den Wasserträgerinnen aufgefüllt und bald von den Stockbienen wieder angezapft werden. Das Wasser wird aber auch unter die übrigen Stockgenossen verteilt. Ob in Reservoirbienen oder in anderen Stockgenossen aufbewahrt, in der Honigblase wird es immer mit Nektar vermischt.

Vor allem bedeutet das Sammeln aber Eintragen von Blütenstaub und Honig. Der Blütenstaub (Pollen) stellt die Eiweißnahrung der Bienen dar. Die Pollenkörner, welche die männlichen Keimzellen der Pflanzen enthalten, sind sehr eiweißreich. Ein Bienenvolk braucht im Jahr etwa 24 Kilogramm und mehr Pollen. Der Honig dagegen ist reine Energienahrung. Oft sammeln die Bienen Pollen und Honig zugleich, das heißt, Honigsammlerinnen kommen zwar oft ohne Blütenstaub heim, Pollensammlerinnen dagegen selten ganz ohne Honig. Wenn man die Bienen bei dieser Tätigkeit beobachtet, stellt sich eine Menge neuer Fragen. Wie findet die Biene die richtigen Blumen? Wie findet sie den Rückweg? Eine Biene, welche einmal eine bestimmte Trachtquelle entdeckt hat, kehrt immer zu ihr zurück, ja wenn es sich lohnt, bringt sie andere Bienen mit, bis die Quelle ausgeschöpft ist. Die Bienen finden die Blumen eines Balkons mitten im Häusermeer. Sie dehnen ihre Sammelausflüge, je nach Bedarf, nicht selten bis zu drei Kilometer weit aus. Wie wir früher schon hörten, sind sie blütenstetig, so daß sie während ihrer Sammeltätigkeit einer bestimmten Blumenart treu bleiben. Die Bienen beobachten also gut und haben ein zuverlässiges Gedächtnis.

Das Zeitgedächtnis

Bienen haben unter anderem ein Zeitgedächtnis. Das ergab sich fast von selbst, da im geregelten Laboratoriumsbetrieb natürlich auch die Experimente mit Bienen, die meistens mit Füttern einer Gruppe verbunden waren, jeden Tag um die gleiche Zeit stattfanden. Nun stellte sich heraus, daß die Bienen auch nur zu dieser Zeit den Versuchstisch beflogen. Einmal darauf aufmerksam gemacht, wurden nun die Bienen eigens auf bestimmte Zeiten dressiert, indem sie zum Beispiel immer morgens um 9 Uhr oder nachmittags um 3 Uhr gefüttert wurden. Die Bienen hatten sich in kurzer Zeit die betreffende Stunde gemerkt und kamen frühestens 5 Minuten vorher, um Nachschau zu halten. Darauf erschwerte man die Aufgabe. Können sich die Bienen gleichzeitig auch mehrere Zeiten merken, zum Beispiel 9 Uhr und 3 Uhr? Die Dressur auf zwei Zeiten gelang. Auch eine Dressur auf drei, vier und fünf Zeiten hatte Erfolg. Sechs verschiedene Zeiten an einem Tag konnten sich nicht mehr alle Bienen merken, und sieben verschiedene Zeiten an einem Tag heißt für sie «immer». Zweifellos ist diese Fähigkeit den Bienen nützlich, denn die meisten Blüten scheiden nicht den ganzen Tag oder doch nicht den ganzen Tag gleich viel Nektar aus. So können sich nun die Bienen die Zeit merken, wann ihre Blüten honigen. Sie brauchen nur dann auszufliegen und können in der übrigen Zeit ihre Kräfte schonen.
Bei der erfolgreichen Dressur von Bienen auf Zeit überrascht weniger das Gedächtnis an und für sich als die Tatsache, daß die Bienen wissen, wann die bestimmte Zeit wieder da ist. Können sich die Bienen den Sonnenstand merken? Haben Sie eine Uhr in sich? Das letztere scheint der Fall zu sein, weil dressierte Bienen, in einem geschlossenen Haus oder sogar in einem Raum eines Bergwerkes bei dauernd künstlichem Licht gehalten, ihre Dressur beibehielten. Der schönste Versuch zur Klärung der Frage, ob sich das Zeitgefühl der Bienen nach dem Sonnenstand, das heißt nach der Ortszeit, richtet oder nach einem feststehenden 24stündigen Rhythmus in ihrem Körper, besteht darin, daß ein Bienenvolk, das auf be-

stimmte Zeiten dressiert ist, mit dem Flugzeug so weit östlich oder westlich transportiert wird, daß die Ortszeit beträchtlich verschieden ist. Es stellte sich heraus, daß die dressierten Bienen nach der alten und nicht nach der neuen Zeit zum Versuchstisch flogen. Übrigens stehen die Bienen mit dem Besitz eines Zeitgedächtnisses nicht allein da. Es ist im Gegenteil auch bei anderen Tieren verbreitet. Wir finden es bei Kühen, die zu bestimmter Zeit von der Weide heimkommen und sich vor dem Stall versammeln, um gemolken zu werden, bei Vögeln, welche täglich zur gleichen Zeit ihren Schlafplatz aufsuchen, bei Hunden, die zur richtigen Zeit ihren Herrn abholen. Schließlich hat auch der Mensch seine Uhr in sich, denn er kann nicht nur täglich zur bestimmten gleichen Zeit erwachen, sondern es gelingt ihm oft auch, zu einer ungewöhnlichen Zeit aufzuwachen, wenn er es sich am Abend vorher vorgenommen hat.

Die Fähigkeiten der Sinne

Die meisten in diesem Büchlein erwähnten Erkenntnisse über die Biene verdanken wir Prof. Karl von Frisch und seiner Schule in München. Er begann seine Forschungsarbeit an der Biene 1912 mit der Frage nach ihren Sinnesfähigkeiten.
Woran erkennen die Bienen die Blumen? Sehen sie Farben? Sehen sie Formen? Erkennen sie Gerüche? Diese Fragen erscheinen uns vielleicht als überflüssig, denn wozu wären sonst die Blütenfarben und Blütendüfte da, wenn nicht zum Anlocken von Insekten? Blüten der reinen Windbestäuber, welche den Insektenbesuch nicht brauchen, sind nur grün und heben sich von der Farbe der übrigen Pflanzen nicht ab. Insektenbestäuber dagegen weisen meistens große, weiß oder farbig leuchtende Kronblätter auf, welche offensichtlich für die Insekten berechnet sind. Dennoch wurde das Farbensehen der Bienen auch wissenschaftlich bewiesen. Zu diesem Zweck fütterte man Bienen an einigen aufeinanderfolgenden Tagen aus einem Glasschälchen, das auf einem blauen Karton stand. Bald lernten die Bienen, daß die blaue Farbe Zucker-

wasser verhieß. Auf einem Tisch legte man nun eine Anzahl Kartonstücke von verschiedenen Grautönen aus und fügte einen einzelnen blauen Karton dazu. Auf jeden Karton kam ein leeres Glasschälchen. Die Bienen flogen zielsicher auf den blauen Karton zu und setzten sich in das betreffende Glasschälchen, suchten und wühlten darin herum, als könnten sie nicht begreifen, daß es leer sei. Diesen Versuch wiederholte man, wobei die Kartonstücke untereinander ausgewechselt wurden, so daß das blaue immer wieder an einen anderen Platz zu liegen kam. Die auf Blau dressierten Bienen suchten das Zuckerwasser immer auf Blau. Sie können also die Farbe von den Grautönen gleicher Helligkeit unterscheiden und als solche erkennen. Der Versuch mußte natürlich für jede Farbe neu durchgeführt werden, und man fand, daß sich die Bienen auch auf Gelb dressieren lassen und ebenso auf Violett. Rot können sie dagegen von Schwarz und dunklem Grau nicht unterscheiden. Die Bienen sind also rotblind, das heißt, ihr Farbenspektrum ist gegenüber dem unseren an seinem unteren Ende verkürzt, an seinem oberen Ende aber verlängert, denn, wie man nachgewiesen hat, empfinden Bienen ultraviolettes Licht, eine Farbe, die wir selber nicht sehen, die aber bei vielen Blumen zur Ausbildung eines Saftmales, welches für uns also nicht existiert, verwendet wird. Dementsprechend nehmen sie auch eine Komplementärfarbe zum Ultravioletten wahr. Sie liegt im Blaugrünen. Da man mit physikalischen Mitteln feststellte, daß die meisten weißen Blumen, zum Beispiel die Obstblüten, das ultraviolette Licht absorbieren, kann man daraus schließen, daß die Bienen sie in dem komplementären Blaugrün sehen. Sie nehmen im ganzen offenbar nur vier Farbwerte wahr, die im Gebiet von unserem Gelb, unserem Blaugrün, unserem Blau und unserem Violett liegen. Es ist nun interessant, jene Blüten, die von den Bienen besucht werden und deren Kelch an ihre Rüssellänge angepaßt ist, auf ihre Farben hin anzusehen. Goldregen, Hornklee, Löwenzahn und viele andere Bienenblumen sind gelb, Wiesensalbei, Günsel u.a. sind blau. Die «roten» Blumen sind immer violettrot und werden von den Bienen als blau gesehen.

Nun orientieren sich die Bienen aber nicht nur nach Farben, sondern auch nach Formen. Das bewiesen Bienen, die man, ähnlich wie auf Farben, nun auf schwarz-weiß gezeichnete Figuren dressierte. Diese Dressuren gelangen allerdings verschieden gut. Deutlich voneinander verschiedene Blütenformen können sich die Bienen auch als Zeichnung merken. Mehr Mühe bereitet ihnen, sich abstrakte Figuren, wie Quadrate, Kreise, Dreiecke oder Buchstaben, zu merken. Solche Figuren bedeuten ja auch nichts in ihrem Leben. Dagegen sind Bienen für Unterschiede in der Dichte einer Zeichnung sehr empfindlich. Besonders leicht lassen sie sich auf gestrichelte oder punktierte Flächen dressieren. Danach scheinen sich die Saftmale der Blüten zu richten, diese Wegweiser zum Honig, welche häufig aus feinen Strichen oder Punkten bestehen.

Zum eindeutigen Bestimmen einer Blütenart hilft der Biene der Geruchssinn. Die Empfindlichkeit dieses Sinnes deckt sich ungefähr mit dem Geruchssinn des Menschen. Bei Düften aber, die für die Biene von besonderem Belang sind (Blumendüfte, Wachs, Duftorgan), ist er dem menschlichen Geruchssinn überlegen. Dressurversuche gaben Aufschluß über diese Sinnesleistungen. Man brachte würfelförmige Kästchen mit 20 Zentimeter Kantenlänge und je einem Einflugloch in eine Reihe und versah jedes Kästchen, von außen unsichtbar, entweder mit einer duftenden Blume oder auch einem Tropfen Parfüm. Waren nun die Bienen gewöhnt, Zuckerwasser in einem Kästchen mit bestimmtem Duft zu holen, so fanden sie es leicht aus der Reihe der anderen heraus, indem sie nur bis unter die Fluglöcher zu fliegen brauchten, um den Duft zu erkennen. Die Bienen vermögen den Duft nicht schon von weitem wahrzunehmen. Aus der Nähe bietet er ihnen aber ein sicheres Urteil über die Art der Blüten.

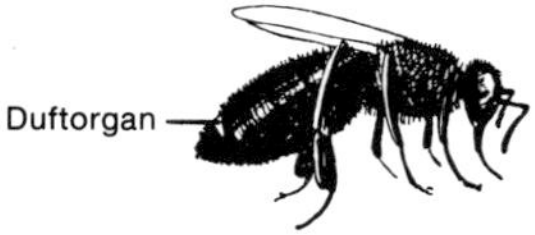

Lage des Duftorgans.

Die auf Duft dressierten Bienen bestätigen, daß der Geruchssinn seinen Sitz wirklich auf den Fühlern hat. Denn überzieht man ihre Fühler mit einer dünnen Lackschicht, so sind sie nun trotz der Dressur nicht mehr fähig, das richtige Kästchen zu riechen. Da der Geruchssinn der Biene – wie der Tastsinn – auf den Fühlern untergebracht ist und diese frei beweglich sind, kann nun die Biene aufgrund verschiedener Geruchs- und Berührungsreize an den beiden Fühlern auf die Gestalt des duftenden Gegenstandes schließen: «plastisches» Riechen! Diese Sinnesleistung erleichtert natürlich die Orientierung und das Arbeiten im dunklen Bienenstock, Bemerkenswert ist auch die Fähigkeit der Biene, mit Hilfe der Fühler das für uns geruchlose Kohlendioxyd, unterschiedliche Konzentrationen der Luftfeuchtigkeit und bereits geringe Temperaturschwankungen wahrnehmen zu können. Gleichzeitige Dressur auf Farbe und Duft und nachfolgende Kontrollversuche, bei denen die Dressurfarbe mit anderem Duft und der Dressurduft mit anderen Farben kombiniert wurden, bewiesen, daß die Bienen dem Duft mehr trauen als der Farbe. Praktisch aber orientieren sich die Bienen aus der Ferne nach den Farben und in der Nähe nach den Düften.

Abgesehen von der Blütenart merken sie sich auch den Ort, wo sie diese gefunden haben. Die Blütenfarbe prägen sie sich beim Hinfliegen, den Standort aber beim Abfliegen ein, indem sie ihn noch einmal umkreisen.

Der Geruchssinn läßt die Bienen nicht nur die Blumen erkennen, sondern auch das eigene Volk. Beim Schwärmen führt der Geruchssinn sie zu ihrer Königin. Wenn der Schwarm ein neues Haus bezogen hat, dann stehen viele Bienen vor dem Flugloch des neuen Heimes und «sterzeln», das heißt, sie stehen mit etwas erhobenem Hinterleib und verbreiten durch ein schwirrendes Flügelschlagen (Fächeln) den Duft ihres Duftorgans. Jede Biene besitzt an ihrem Rücken in einer Hautfalte zwischen dem letzten und vorletzten Hinterleibsring eine Duftdrüse, die sie beim Sterzeln ausstülpt. Damit lockt sie ihre Genossen an, sei es hier beim heimatlichen Stock, sei es aber auch bei einer Trachtquelle, auf die sie die Stockgenossen aufmerksam machen möchte. Dieser «Sterzelduft»

wirkt auch auf Bienen fremder Völker anlockend. Er stellt also für sich allein keinen spezifischen Volks- oder Stockgeruch dar. Das Erkennungsmerkmal der einzelnen Völker ist ein Mischgeruch, der zusätzlich von den gesammelten Blütenstaub- und Nektararten abhängig und damit auch wandelbar ist. Dieser Stockgeruch wird auch vom Wachs und von den Ausdünstungen der Bienenbrut und der Bienen bestimmt. Bei Gefahr werden die Stockgenossen durch das «Giftsterzeln» alarmiert, wobei ein Duftstoff des Stachelapparates verbreitet wird. Dieser Alarmstoff ist nicht mit dem Bienengift identisch, wird aber beim Stich mit übertragen und ermöglicht dadurch den alarmierten Bienen ein schnelles Erkennen des Feindes.
Der Imker ist geneigt, anzunehmen, daß die Bienen, wie wir Menschen, durch Ton und Gehör miteinander in Kontakt stehen. Das bereits erwähnte «Singen» der Königinnen und die verschiedenen Summtöne der Bienen beim Flug lassen ihn zu diesem Schluß kommen. Das gesunde, zufriedene Volk summt anders als zum Beispiel ein krankes oder weiselloses Volk. Auch aufgeregte und stechlustige Bienen erkennt man sofort an der Art ihres Flugtones. Da eine Biene aber Schallwellen der Luft nicht als Töne wahrnehmen kann – ihr fehlt nämlich ein dem menschlichen Ohr entsprechendes Organ –, können die verschiedenen Summtöne beim Flug nicht der Verständigung dienen. Untersuchungen ergaben, daß nur die durch Schallwellen auf einem festen Untergrund (Waben, Flugbrett) erzeugten Schwingungen mittels eines «Vibrationssinnes» wahrgenommen werden können. Die Beine der Biene haben sich für die Aufnahme solcher Bodenschwingungen als besonders empfindlich erwiesen.
Der Vibrationssinn bietet damit neben dem Geruchs-, Tast- und Sehsinn eine Möglichkeit zur Verständigung der Bienen untereinander.

Die «Sprache» der Bienen

Hat eine Biene die Honigschale auf dem Frühstückstisch entdeckt, so bekommen wir bald den Besuch von mehr und mehr ihrer Artgenossen. Daraus schließen wir mit Recht, daß die Bienen die Möglichkeit besitzen, einander auf unseren Honig aufmerksam zu machen. Wir werden darin noch bestärkt, weil die nachkommenden Bienen alle aus dem gleichen Stock stammen wie die Biene, die den Honig entdeckt hatte. Um Genaueres zu erfahren, muß man sich wieder eines Beobachtungsstockes bedienen, in dessen Nähe an einem Versuchstisch Zuckerwasser verfüttert wird. Allen Bienen, die das Futternäpfchen besuchen, wird ein weißer Farbfleck auf den Rücken gemalt. Dann verfolgt man ihr Benehmen im Stock. Wenn sie vom Futterplatz herkommend dort anlangen, verfüttern sie zuerst ihr Zuckerwasser an eine oder mehrere Stockbienen und beginnen dann auf der Wabe, auf der sie sich eben befinden, einen kleinen Tanz, das heißt, sie beschreiben laufend einen Kreis. Am Ausgangspunkt des Kreises angelangt, kehren sie wieder um und beginnen ihren Tanz von neuem. Bald schließen sich ihnen einige andere Bienen an, die durch die Stöße der Tänzerin auf sie aufmerksam geworden sind, laufen ihr auf ihrem «Rundtanz» nach, ertasten die Bewegung mit den Fühlern, nehmen den Geruch der eingetragenen Nahrung wahr und folgen ihr zur Trachtquelle, so daß die Bienenschar, die am Versuchstisch erscheint, immer größer wird. Der Rundtanz hat sie alarmiert.

Wie finden die neu hinzukommenden Bienen aber den Versuchstisch, da sie nicht so dicht hinter der Kundschafterin herzufliegen pflegen, daß sie diese im Auge behalten könnten? Steht der Futterplatz nahe dem Bienenhaus, so kann er natürlich leichter gefunden werden, als wenn er viele hundert Meter oder über einen Kilometer weit von diesem entfernt läge. Merkwürdigerweise brauchen aber die alarmierten Bienen zum Auffinden entfernter oder versteckter Plätze nicht viel mehr Zeit als die Bienen, die den Platz schon kennen. Es sieht aus, als ob sich die Bienen genaue Ortsangaben machen könnten. Das ist tatsächlich der Fall, so unbegreiflich es uns auch vorkommt.

Die Rundtänze, die wir eben beschrieben haben, zeigen nur nahe Trachtorte an, die sich nach von Frisch, dessen Darstellung wir hier folgen, innerhalb einer Entfernung von 25 Me-

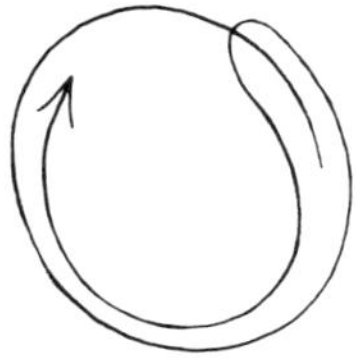

«Rundtanz».

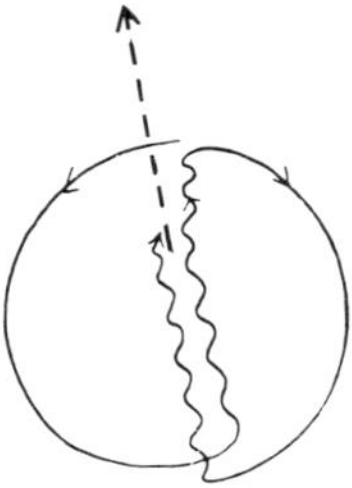

«Schwänzeltanz».

tern vom Bienenhaus befinden. Für diesen Bereich kann die Biene keine genauere Ortsangabe geben: Sobald es sich um natürliche Nektarquellen handelt, bringen die Bienen aber den Duft der betreffenden Blüten als Zeichen mit. Es ist erstaunlich, wie lange an Bienen der Duft aufgesuchter Blüten noch erkennbar ist. Hierbei dienen neben der starken Körperbehaarung vermutlich das Wachs des Chitinpanzers und die Atemwege – sie geben den mit der Atemluft aufgenommenen Blütenduft nur langsam wieder ab – als besondere Duftträger. Trägt nun eine tanzende Biene den Duft von Lindenblüten im Haarkleid, so suchen die durch ihre Rundtänze alarmierten Stockgenossen alle blühenden Lindenbäume in der Nähe des Bienenhauses auf – eine durchaus zweckmäßige Handlung, da es sehr wahrscheinlich ist, daß alle Linden mehr oder weniger gleichzeitig honigen. Auch geht in dem Fall, wo die Trachtpflanzen nahe stehen, wenig Zeit für das Suchen verloren. Durch Duftlenkung kann der Imker sogar die Bienen auf Trachtquellen aufmerksam machen, die sie von sich aus übersehen würden, wie das zum Beispiel bei den unscheinbaren Blüten der Weinrebe notwendig sein kann. Wenn der Imker ein Büschel dieser Blüten in Zuckerwasser badet, welches er dann an die Bienen innerhalb des Stockes verfüttert, werden sie bald in der näheren Umgebung nach dem entsprechenden Duft suchen und den vorher verschmähten Weinberg entdekken.

Andererseits bringen die Bienen nicht nur den Duft von der Trachtquelle mit, sondern sie vermögen dort, wo sie die

Stockgenossen hinlocken möchten, auch einen Duft zu erzeugen. Die Sammlerin, die eine solche Trachtquelle entdeckte fliegt, nachdem sie die Stockgenossen alarmiert hat, als erste dorthin zurück, stülpt ihre Duftdrüse aus und schwängert die Luft.

Bei größeren Distanzen vom Bienenhaus tanzt die Biene nach der Rückkunft von der Tracht einen anderen Tanz, durch den sie zugleich die Richtung und die Entfernung vom Bienenstock bis zum Trachtort angibt. Diese *Schwänzeltänze* sind bei Entfernungen von über hundert Metern besonders deutlich. Die Biene läuft auf der Wabe zuerst eine kurze gerade Strecke (je nach Entfernung der Trachtquelle bis über fünf Zellen), gelangt über einen Bogen an die Ausgangsstelle zurück, durchläuft wieder den geraden Abschnitt und läuft nun nach der anderen Seite einen zweiten Bogen. Solange sie sich auf der geraden Strecke befindet, schwänzelt der Hinterleib sehr schnell hin und her. Während des Schwänzelns erzeugt die Tänzerin – wahrscheinlich mit der Flugmuskulatur – ein Schnarren, das für eine erfolgreiche Anwerbung anderer Sammlerinnen unbedingt notwendig ist. Aufmerksam gewordene Sammlerinnen schließen sich der Tänzerin an und fordern gelegentlich von ihr eine Kostprobe der gefundenen Nahrung. Die Tanzgeschwindigkeit drückt die Entfernung (bis zu 11 Kilometer ungefähr) aus: Je langsamer der Tanz, desto weiter entfernt liegt die Trachtquelle. Bei einer Entfernung von 100 Metern wird die Tanzfigur durchschnittlich bis zu 40mal pro Minute durchlaufen, bei 500 Metern erfolgen nur 24 Durchläufe. Die Richtung zur Trachtquelle geben die Bienen durch die Richtung des Schwänzellaufes an. Allerdings ist das nur dann direkt möglich, wenn die Bienen auf horizontaler Ebene tanzen und zugleich auch die Sonne sehen, Bedingungen, wie sie auf dem Flugbrett zutreffen. Sie orientieren sich nämlich nach der Sonne und legen die Richtung zum Trachtort nach dem Sonnenstand fest. Auf der senkrecht hängenden Wabe, auf der die Werbetänze meistens aufgeführt werden, wird die Richtung zur Sonne auf die Senkrechte übertragen, und zwar so, daß die Richtung nach oben die Richtung zur Sonne bedeutet. Jede Abweichung von dieser

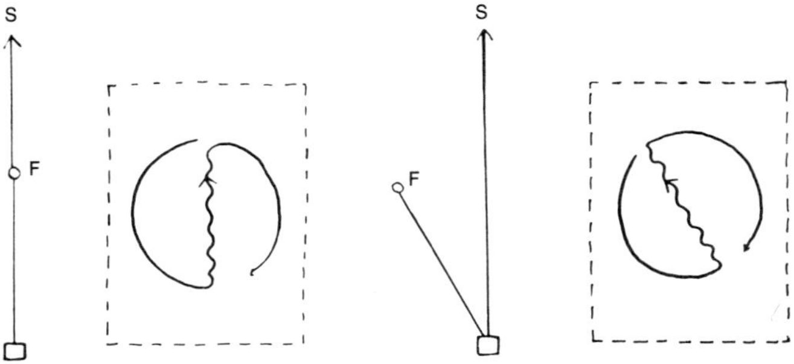

Beim Schwänzeltanz wird auf der Wabe die Richtung nach der Sonne mit der Richtung nach oben gleichgesetzt.

Richtung wird von den Bienen als Abweichung von der Vertikalen auf der entsprechenden Seite und im richtigen Winkel dargestellt. Liegt die Trachtquelle vom Bienenstock aus genau gegen die Sonne zu, so legt die tanzende Biene den Bogen so, daß sie beim Schwänzeln senkrecht nach oben geht. Liegt sie aber von der Sonne weg, so läuft die Biene beim Schwänzeln abwärts. Bei jeder anderen Richtung bildet die gerade Strecke des Schwänzeltanzes mit der Vertikalen einen nach links oder rechts abweichenden Winkel. Nur mittels eines hochentwickelten Schweresinnes (er liegt an den gelenkigen Verbindungen von Kopf und Brust bzw. Brust und Hinterleib) und eines guten Gedächtnisses ist der Biene die Übertragung eines in der Horizontale gemessenen Winkels auf die Vertikale möglich. Diese Tänze erfolgen stets mit solcher Präzision, daß auch der menschliche Beobachter die von der Biene angegebene Richtung und Entfernung richtig interpretieren kann.

Daß sich die Bienen in jedem Fall tatsächlich nach der Sonne orientieren, erkennt man schon daran, daß sie im Laufe eines Tages, auch wenn sie immer für die gleiche, reichlich fließende Trachtquelle werben, die Richtung ihres Tanzes entsprechend dem Sonnenstand fortwährend ändern. Ein anderer kleiner Versuch erhärtet diesen Beweis: Fängt man eine Biene am Futterplatz ab, setzt sie in einem dunklen Kästchen gefangen und läßt sie erst nach einigen Stunden wieder frei, so sucht sie den Stock in falscher Richtung, und zwar um so viel verschoben, als die Sonne unterdessen gewandert ist. Es fiel nun auf, daß die Bienen, um sich nach der Sonne orientieren zu können, diese gar nicht zu sehen brauchen. Es genügt für sie, irgendein Stück blauen Himmels zu sehen, um die Stellung der Sonne festzustellen. Weil das blaue Himmelslicht zum Teil polarisiert ist (das heißt, die Lichtschwingungen sind «ausgekämmt» und schwingen jeweils vorwiegend in einer einzigen Ebene), nahm man an, daß das Bienenauge für polarisiertes Licht empfindlich sei und diese Wahrnehmung zur Orientierung ausnütze. Die Polarisationsebenen, in denen das vom Himmel strahlende Licht schwingt, richten sich immer nach dem Sonnenstand und sind für verschiedene Himmelsrichtungen verschieden. Um nachzuprüfen, ob Bienen polarisiertes Licht wirklich für die Orientierung verwenden, machte man Versuche mit Bienen, die man auf horizontaler Wabe tanzen ließ. Die Tierchen empfingen dabei das Licht durch eine dünne Folie, die nur polarisiertes Licht durchläßt. Bei langsamer Drehung dieser Polarisationsfolie änderte sich die Tanzrichtung der Bienen gleichsinnig.

Für die Entfernungsangabe von 25 bis 100 Metern gibt es Übergänge zwischen Rund- und Schwänzeltanz. Bei den einzelnen Bienenrassen können verschiedene Übergangsformen auftreten, die sich auf zwei Grundfiguren zurückführen lassen: 8-Form und Sichelform. Bei diesen Tanzfiguren wird die Richtung durch die Winkelhalbierende am Schnittpunkt der 8 bzw. der Sichelöffnung angegeben, während die zunehmende Entfernung durch verlängerte Schwänzelstrecken ausgedrückt wird.

Bei einer Entfernung von etwa 100 Metern fallen bei diesen Tanzfiguren jeweils die beiden Schwänzelstrecken zusammen, so daß sich daraus der Schwänzeltanz entwickelt.

Erfolgreiche Sammlerinnen tanzen nicht an irgendeiner Stelle im Bienenstock, sondern sie suchen hauptsächlich einen bestimmten Tanzplatz auf, wo stets weniger erfolgreiche Samm-

lerinnen auf Mitteilungen warten. Mit Hilfe des Geruchs-, Tast- und Vibrationssinnes erfahren die wartenden Bienen Richtung, Entfernung, Ergiebigkeit und Art der neuen Trachtquelle.
So sind nun die Bienen ausgerüstet und begabt: sie merken sich die einzelne Blütenart nach Farbe, Form und Geruch, und sie merken sich die Zeit, in der diese Blütenart Honig gibt. Sie melden den gefundenen Trachtort ihren Stockgenossen mit genauer Angabe der Richtung und Entfernung. Einzelne Stockgenossen beobachten die Mitteilung, verstehen sie und fliegen den angegebenen Ort richtig an. In ihrer Honigblase tragen sie einen Vorrat mit, der dem Kräfteverbrauch der zu durchfliegenden Strecke entspricht: bei längerem oder bergauf gehendem Weg, aber auch bei Gegenwind mehr, als wenn eine geringere Anstrengung in Aussicht steht. Dem Aufruf folgen viele oder weniger Bienen, je nach der Intensität des Tanzes. Dieser wiederum hängt davon ab, wie reichlich die Trachtquelle fließt, wie konzentriert der Nektar und wie groß der Nahrungsbedarf des Volkes ist. Ein hungerndes Volk tanzt schon bei geringerer Nektarmenge und dünnflüssigerem Nektar als ein mit Vorräten wohlversorgtes.
Neben den beschriebenen Tänzen gibt es noch andere «Tanzformen», deren Bedeutung teilweise noch ungeklärt ist und die auch nicht immer zur Verständigung der Bienen untereinander dienen. Man könnte – allerdings mit Einschränkungen – sagen, daß bei manchen dieser Tanzformen durch die Aktivität einzelner Bienen sich andere anstecken lassen. So kann der aufmerksame Imker vor der Zeit des «Schwärmens» sogenannte «Schwirrläufe» beobachten: Einige Bienen rempeln mit schwirrender Flügelbewegung andere Stockgenossen an und wollen sie damit zum Schwärmen verleiten.
Manche Sammlerinnen hasten bei der Rückkehr eilig in den Stock, wobei sie die im Wege stehenden Bienen anrempeln: «Rumpellauf.» Dadurch werden gelegentlich andere Sammlerinnen zum Ausfliegen veranlaßt.
Durchlaufen Sammlerinnen beim Verfüttern des mitgebrachten Nektars zwischendurch kurze Schwänzelstrecken, so spricht man vom «Rucktanz». Dieser Tanz ist eigentlich nur

ein Zeichen der Tanzbereitschaft und keine gezielte Verständigung.
Die Bedeutung der gelegentlich auftretenden «Putz-», «Rüttel-» und «Zittertänze» ist noch nicht geklärt. Beim letzteren laufen Bienen mit unregelmäßig zuckenden Beinen über die Waben. Meist ging diesem Tanz, der bei den Stockgenossen keine Beachtung findet und mehrere Stunden andauern kann, ein für die Biene unangenehmes Ereignis voraus.
Diesen Tanzformen kommt nicht die gleiche Bedeutung zu wie z.B. dem Schwänzeltanz, da ihnen teilweise ein wesentliches Merkmal der «Bienensprache» fehlt oder nur mangelhaft ausgeprägt ist: die Verständigung verschiedener Individuen untereinander.
Das Staatenleben der Bienen stellt ein höheres Ganzes dar, einen Organismus, der auf Arbeitsteilung und Spezialisierung seiner einzelnen Glieder beruht und innerhalb dessen die Vorgänge sinnvoll gesteuert werden. Die Gesetze, die im Bienenstaat wirksam sind, interessieren nicht nur wegen der Bienen, sondern weisen über diese hinaus. Es handelt sich dabei um Lebensgesetze an sich, denen alle Natur, auch der Mensch, unterworfen ist. Die Natur kennt keine Massen, sondern in ihr ist jede Vielzahl gegliedert. Man denke nur an die vielzelligen Lebewesen als Zellstaaten mit spezialisierten Geweben und Organen oder an die Tierherden in sozialen Rangstufen.
Die Tendenz, eine Vielheit von Gliedern zum höheren Organismus zusammenzuschließen, macht das Einzelglied zum Teil. Die Zelle wird bloßer Bestandteil des Körpers, die Biene zum bloßen Instrument des Volkes. Sie kann nicht mehr allein leben. Wird der Bürger zum bloßen Rädchen im Staat? Das einmalige soziale Problem des menschlichen Staates, das ihn weit über den Insektenstaat hinaushebt, besteht darin, als Glied eines höheren Ganzen doch die Ganzheit des Einzelgliedes zu wahren.

Empfehlenswerte Literatur

Karl von Frisch, Aus dem Leben der Bienen, Springer, Berlin, 1959.

Karl von Frisch, Tanzsprache und Orientierung der Bienen, Springer, Berlin, 1965.

Horst Stern, Sterns Bemerkungen über Bienen, Kindler, München, o. J.

Oetting/Schulze-Everding, Praktische Bienenzucht, Philler, München, o. J. (für Imker geeignet).

Enoch Zander, Der Bau der Biene, Ulmer, Stuttgart, 1951.

Zander/Weiss, Das Leben der Biene, Ulmer, Stuttgart, 1964.

Register

A
Ammenbiene 59 f., 68 f.
Arbeiterin 27, 47 ff.

B
Bautrieb *16*
Begattung 56 f.
Bienenkorb 7
«Bienenmilch» 61
Bienenstock 8
Blattläuse 21
Blütenbestäubung 9 f.
Blütenhonig 21 f.
Blütenstaub *38,* 64, 70
Bruttemperatur 12
Brutwabe *12*
Brutzelle *14*

C
Chitinpanzer 23

D
Drohne 25, 47 ff.
Duftorgan *74*

E
Eierstöcke 50, *51,* 58

F
Facettenauge 25
Flügelhäkchen 29
Flugloch 63
Frisch, Karl von 72
Furchenbiene *14*
Futtersaft 59, 61
Futtersaftdrüsen 27, *29*

H
«Hautbiene» 11 f.
Hochzeitsflug 56 ff.
Honig 5 f., 9, 21 ff., 70
Honigbiene *12,* 23 ff.
Honigblase 22, 46, *46*
«Honigkuchen» *14*
Honigtau 21
Honigwein (Met) 7
Honigzelle 22
Hornisse *40*
«Höschen» *18,* 32
«Höseln» 33
Huber, François 8, 48
Hummel 11

I
Imker 55

K
Königin *18,* 47 ff., *57*
Königinnenzelle *14*
«Körbchen» 32
Krabbenspinne *37, 45*

L
Larve 59
Lindauer, Prof. Dr. 65
Luftsäcke 45

M
Met (Honigwein) 7

N
Nektar 21 f., 69

P
Pollen 10
Pollenkörner 23, 70
Pollensammelapparat 32
Pollensammeln 33
Pollenvorrat 64

R
Riechporen 26
«Rumpellauf» 82
Rundtanz 77, *78*
Rüssel 27

S
Sammlerin 67 ff.
Saugnapf 34
Schuppentasche 36
Schwänzeltanz *78,* 79 ff.
Schwarm 53
Schwärmen 52 ff.
«Schwirrläufe» 82
Spitzchen, weißes 57
Spurbiene 53 f.
Stachel 34, *35*
«Sterzeln» 75 f.
Stigmen 45
Stockbiene 22, 61

T
Tanz 54, 77 ff.
Tracheen 45

V
Verdeckeln 64

W
Wabe 7 f., *64,* 64 f.
Wachs 7
Wachsdrüsen 35, 64
Wachsmotte 66
Wachstäfelchen 36
Wächterbiene 62, 67
Waldbiene 8
Waldhonig 21
«Weiselwiege» *18*
Weiselzelle 52, 54
Wespe 11
Wintertemperatur 12
Wintertraube 11
Wintervorrat 11 f.

Z
Zelle 65
Zucker *6*